中国传统家具木工 CAD 图谱 ②

——台案类

北京大国匠造文化有限公司 编

袁进东 李岩 主编

中国林业出版社

图书在版编目（CIP）数据

中国传统家具木工CAD图谱. ②, 台案类 / 北京大国匠造文化有限公司编. -- 北京：中国林业出版社, 2017.7

ISBN 978-7-5038-9103-8

Ⅰ.①中… Ⅱ.①北… Ⅲ.①桌台－木家具－计算机辅助设计－AutoCAD软件－中国－图谱 Ⅳ.①TS664.101-64

中国版本图书馆CIP数据核字(2017)第151692号

本书编委会成员名单

主　　编：袁进东　李　岩
总 策 划：北京大国匠造文化有限公司
支持机构：中南林业科技大学中国传统家具研究创新中心

中南林业科技大学中国传统家具研究创新中心
首席顾问：胡景初
荣誉主任：刘文金
主　　任：袁进东
常务副主任：纪　亮　周京南
副 主 任：柳　翰　李　顺　李　岩
中心客座研究员：杨明霞　夏　岚
中心新广式研究所 所　长：李正伦
中心新广式研究所 副所长：汤朝阳

策划、责任编辑：纪　亮　樊　菲

出　版：中国林业出版社（100009 北京西城区德内大街刘海胡同7号）
网　址：http://lycb.forestry.gov.cn/
电　话：010-8314 3518
发　行：中国林业出版社
印　刷：北京利丰雅高长城印刷有限公司
版　次：2017年7月第1版
印　次：2017年7月第1次
开　本：210mm×285mm　1/16
印　张：10
字　数：200千字
定　价：128.00元（全套6册定价：768.00元）

前　言

中国传统家具源远流长，无论是笨拙神秘的商周家具、浪漫神奇的矮型家具，或是古雅精美的高型家具，还是简洁隽秀的明式家具、雍容华贵的清式家具……都以其富有美感的永恒魅力吸引着世人的钟爱和追求。尤其是明清家具，将我国古代家具推上了鼎盛时期，其品种之多、工艺之精令国内外人士叹为观止。

《中国传统家具木工CAD图谱》系列图书分为椅凳类、台案类、柜格类、沙发类、床榻类、组合和杂项类等6个主要的家具类型。本册主要讲解的是古典家具中的台案类家具，其中包括各类圆台、桌案等。圆台包括圆形餐桌、茶桌、半圆供桌等桌类。条案与桌子的差别是因脚足的位置不同而采用不同的结构方式，故称之为"案"而一般不称为"桌"。条案也是各种长条形几案的总称，如书案、平头案、翘头案、卷书案等。书案是文人才子必不可缺的家具之一，有着浓重的文化气息，仿佛沾染着笔墨的香气，在长久的使用中渗透了书法的蕴涵。卷书案来源于炕案，后来发展成为了书案的一种形制，特点是没有翘头，有的同侧桌腿练成一个整体，形成板型，向下翻卷，也有的是桌面直接向两侧的下方翻卷，不影响桌腿的形状。到晚清时，卷书案是非常受欢迎的，尤其是在江浙一带。

本书中开篇第一件家具为解详细分图，分别标注了家具每个部件的详细尺寸，以后家具图纸为整体分解图纸，仅标注整体家具的详细尺寸，细分部件则不作详细标注。较为复杂的家具图纸为对开双页，简单的为单页。

书中家具款式主要来源于市场，本书纯属介绍学习之用，绝无任何侵害之意。本书主要用于家具爱好者学习参考之用，可作为古典家具学习者，爱好者研究学习之辅助教材。

本书编委会

目　录

明式龙纹翘头案	6
明式螭纹翘头案	10
明式翘头案	12
清式带托泥撇腿翘头案	13
清式卷草纹方桌	14
清式平头案	15
明式螭纹方桌	16
清式五福献寿如意中堂	17
清式抽屉云石面方桌	18
清式夔纹暗屉方桌	19
清式黑漆方桌	20
明式卷草纹方桌	21
清式小条案	22
清式条案	23
青云案桌	24
云头圆腿小条案	25
淡泊案桌	26
架式案桌	27
吉庆小案几	28
清式云龙寿字纹方桌	29
鸿福案桌	30
祥源案桌	31
福寿如意案桌	32
明式案桌	33
大案台	34
搭台	35
大千画案	36
博古纹画案	37
花梨马蹄斗供桌	38
松鹤迎年供桌	39
云头瓜棱腿小平头案	40
卷草纹几案	41
明轩玄关桌	42
知心方桌	43
古典二联厨	44
螭龙纹二联厨	46
二联橱	47
清式凤纹玄关桌	48
双凤凰梳妆台	49
五抽梳妆台	50
四抽三门梳妆台	52
清式灵芝纹插角八仙桌	53
古典梳妆台	54
欧式梳妆台	55
清式八仙桌字纹方桌	56
清式书卷式夔龙纹雕花长桌	57
明式团螭纹两屉长桌	58
富贵圆台	59
圆台	60
五足带束腰圆桌	61
梅花形圆桌	62
六足带束腰圆桌	64
荷叶状圆桌	65
荷叶状半圆桌	66
五福如意圆台椅	67
半圆台1	68
半圆台2	69
镶石圆鼓桌	70
青龙脚圆台	71
明代式雕花三屉长桌	72
清代长桌	73
清式拐子纹长桌	74
清式云龙纹长桌	75
清式嵌理石长方桌	76
明式梳子茶桌	77
清趣茶桌1	78
清趣茶桌2	79
清式浮雕长方桌	80
清式半桌	81

外翻马蹄餐桌	82	办公桌	122
清式圆形半桌	84	外翻马蹄办公桌	124
清式番莲纹半圆桌	85	回拱办公桌	126
清式圆形半桌	86	明式办公桌	127
清式番莲纹半圆桌	87	龙柱大班台	128
大理石面云纹餐桌	88	大班台1	129
明式小条桌	89	清式大班台	130
东方之韵餐台椅	90	清式蕉叶纹条桌	131
餐台	92	大中华大班台	132
格子餐台	93	财运大班台	133
明式四屉书桌	94	清式三屉炕琴	135
清式拐子纹供桌	95	清式卷云纹炕桌	136
方格餐台	96	清式束腰镂空牙条炕桌	137
古典餐台	97	清式透雕卷草纹炕桌	138
锦绣餐台椅	98	清式前桌	139
竹节画台	99	清式房前桌	140
平头酒桌	100	清式雕花卉鱼桌	141
云龙写字台	101	清式鼓腿膨牙大圆台	142
竹节写字台	102	清式海棠花形麻将桌	143
写字台1	104	清代紫檀有束腰马蹄足画案	144
写字台2	105	明代榉木勾卷纹画案	145
写字台3	106	明式翘头炕案	146
套房写字台	107	明式夔凤纹翘头案	147
现代风写字台	108	明式双螭纹翘头案	148
金福源写字台	109	明式翘头案	149
十抽雕拐子纹办公台	110	明式夹头榫带托子翘头案	150
明式云龙纹条案	112	明式雕龙翘头案	151
七抽办公台	113	明式雕花翘头条案	152
电脑台	114	清式龙凤纹翘头案	153
方台	115	清代苏式红木小翘头案	154
清式条桌	116	明代夹头榫着地管枨平头案	155
清式拐子纹条桌	117	明式长方案	156
清式西番莲纹条桌	118	清式卷云纹案	157
明式书桌	119	清式卷草柿叶纹平头案	158
清式玉宝珠纹条桌	120	清式博古纹卷头案	159
清式画桌	121	明式夹头榫带屉板小条案	160

明式龙纹翘头案

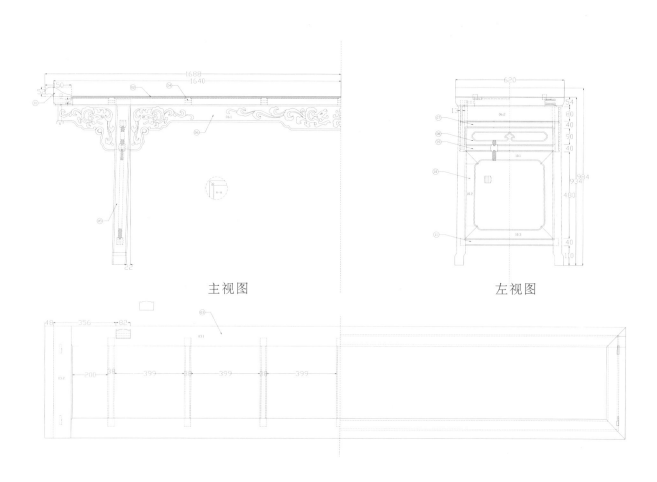

主视图 左视图

俯视图

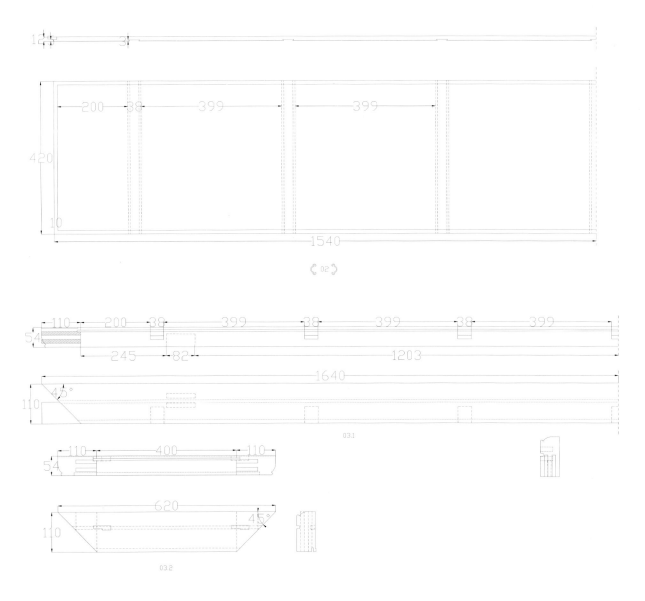

细节图

中国传统家具木工CAD图谱②

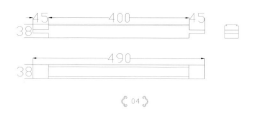

⟪04⟫

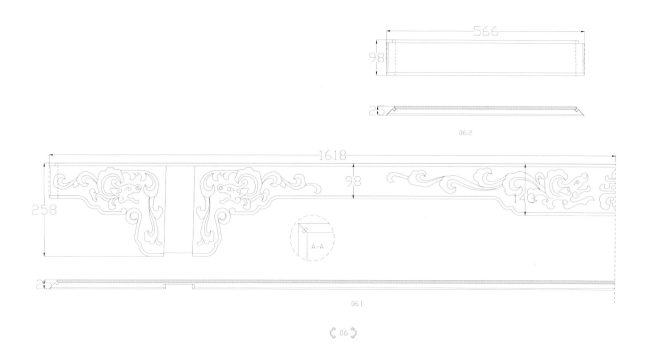

⟪06⟫

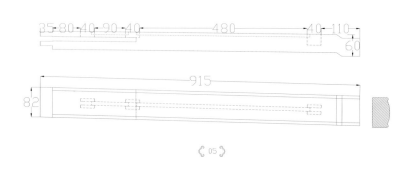

⟪05⟫

细节图

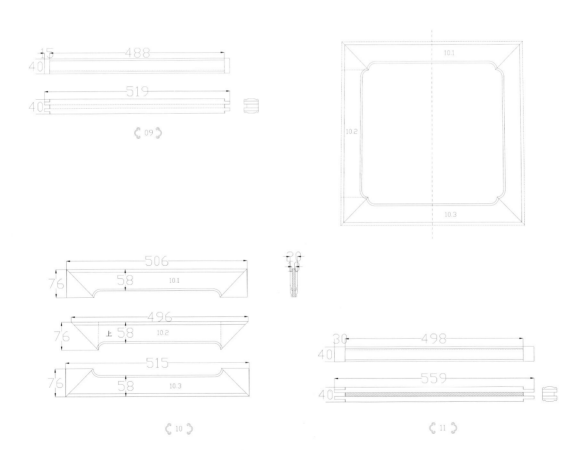

细节图

明式螭纹翘头案

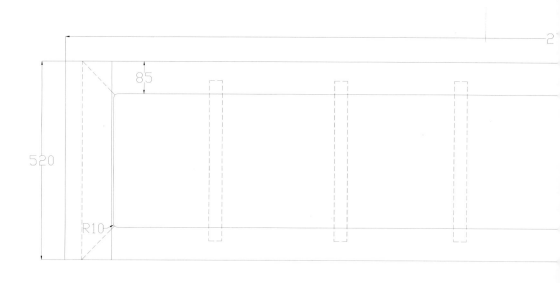

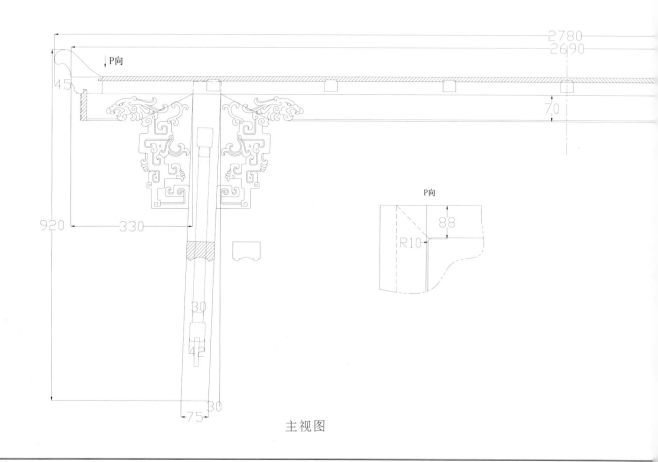

主视图

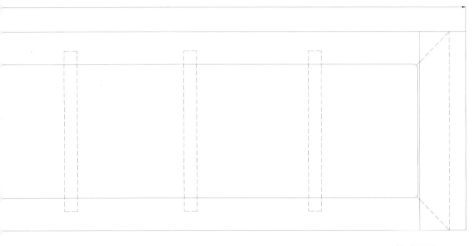

俯视图

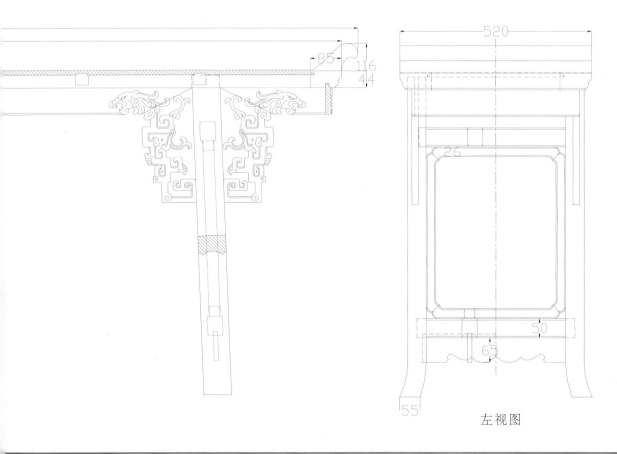

左视图

明式翘头案

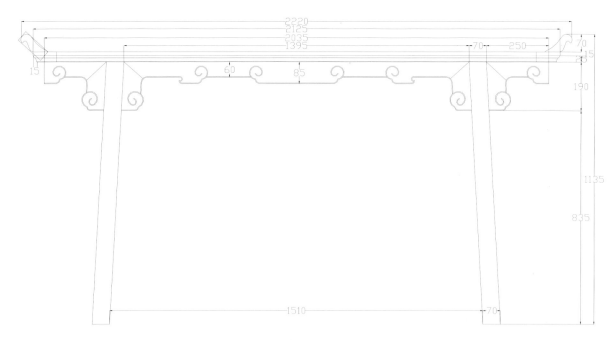

主视图

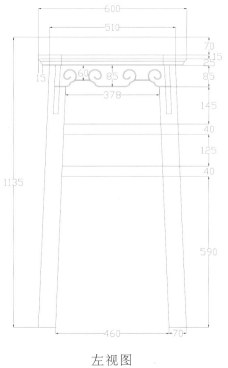

左视图

清式带托泥撇腿翘头案

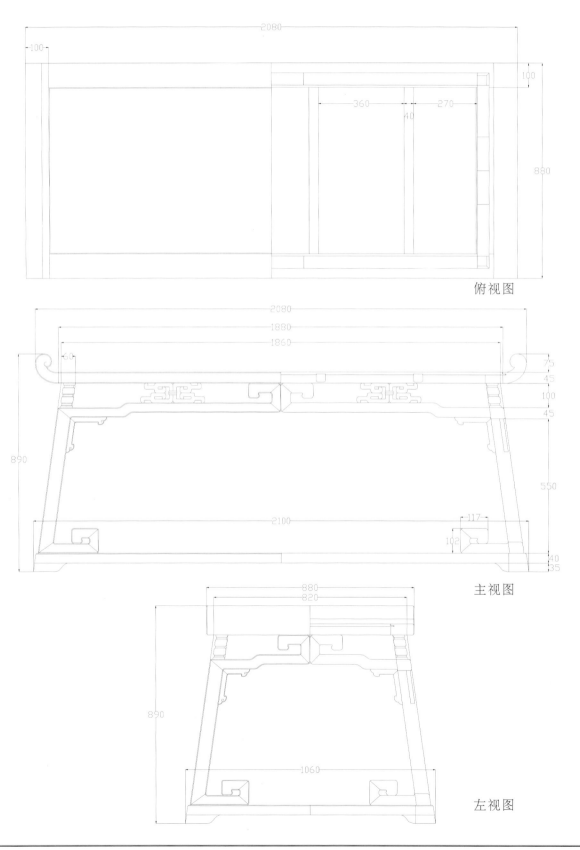

俯视图

主视图

左视图

清式卷草纹方桌

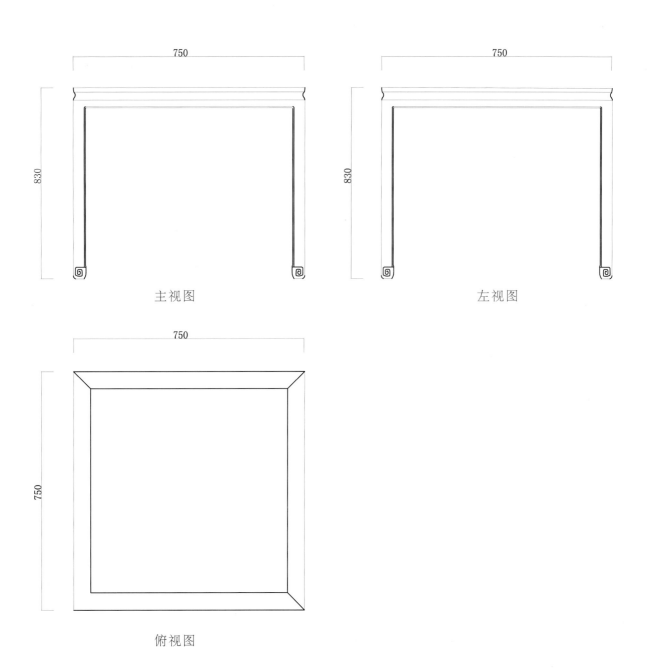

主视图   左视图

俯视图

清式平头案

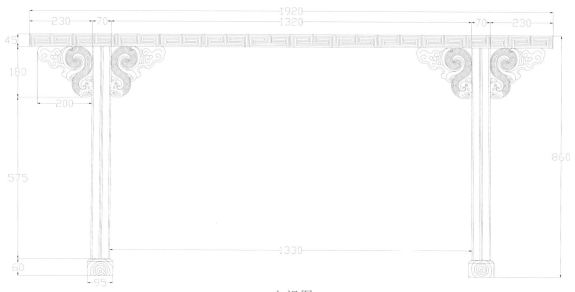

主视图

俯视图

左视图

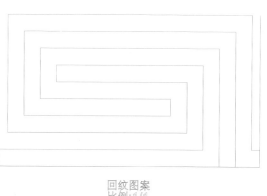

回纹图案
比例:1/1

明式螭纹方桌

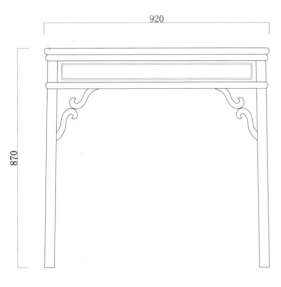

主视图

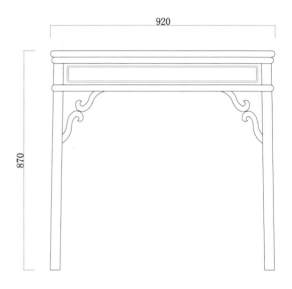

左视图

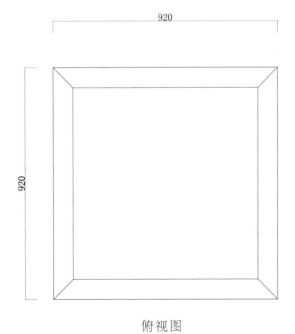

俯视图

清式五福献寿如意中堂

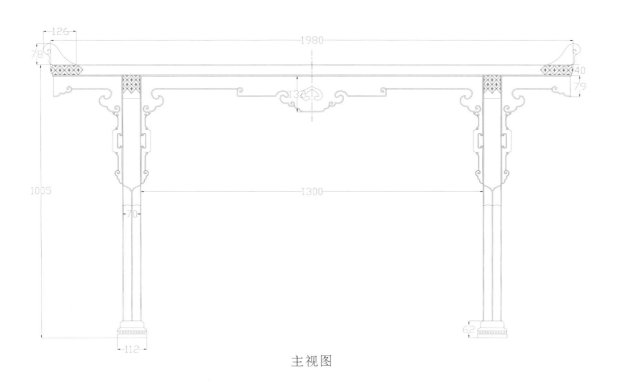

主视图

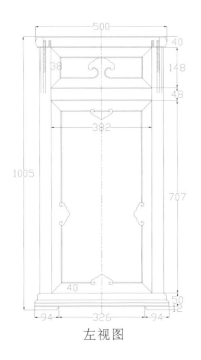

左视图

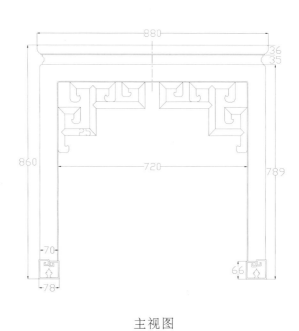

主视图

清式抽屉云石面方桌

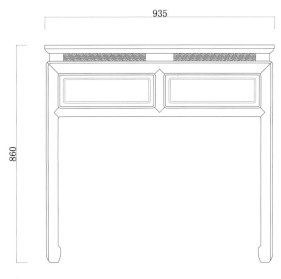

主视图

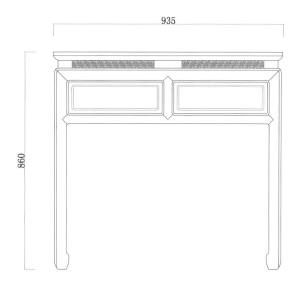

左视图

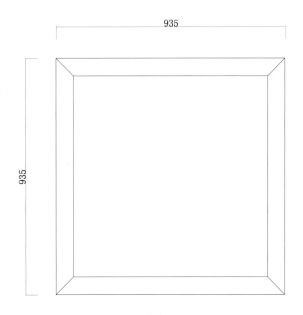

俯视图

清式夔纹暗屉方桌

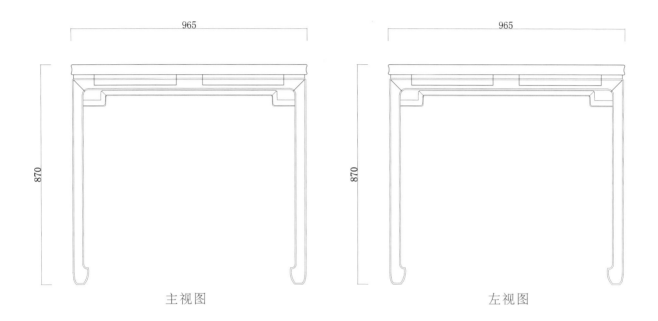

主视图   左视图

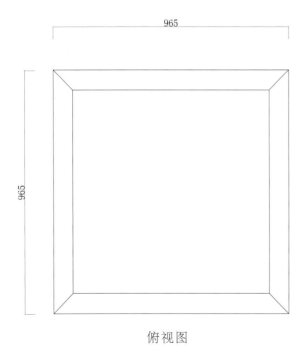

俯视图

清式黑漆方桌

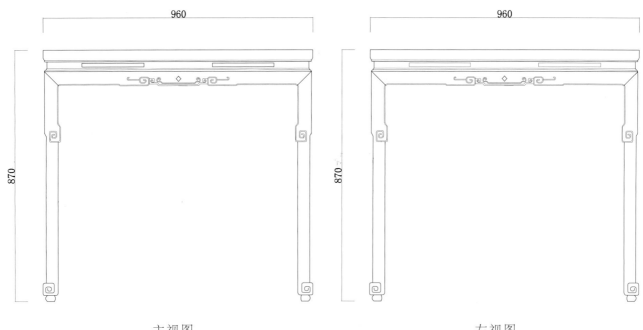

主视图 　　　　　　　　　　　　左视图

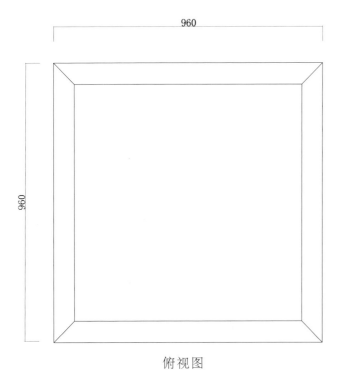

俯视图

明式卷草纹方桌

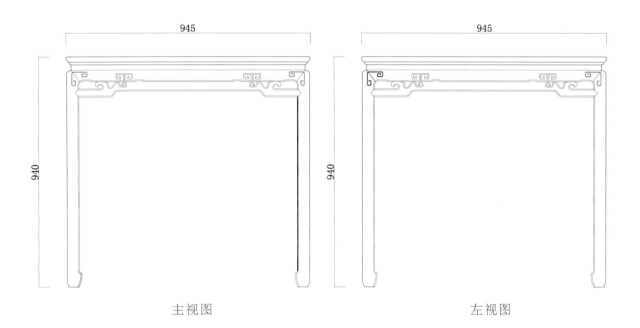

主视图　　　　　　　　　左视图

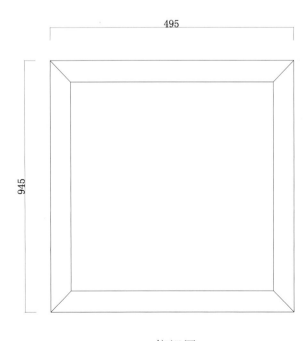

俯视图

清式小条案

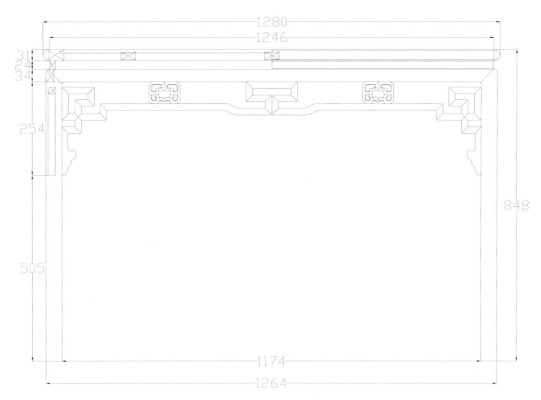

主视图

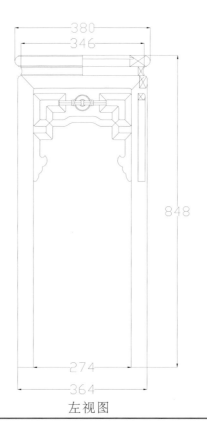

左视图

清式条案

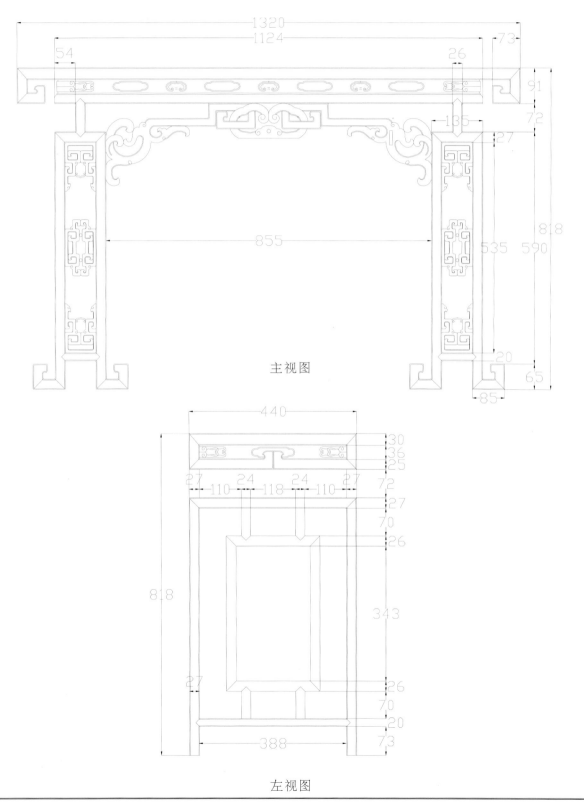

主视图

左视图

青云案桌

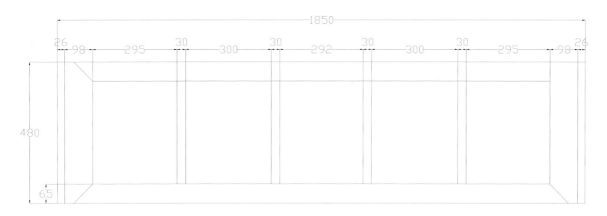

俯视图

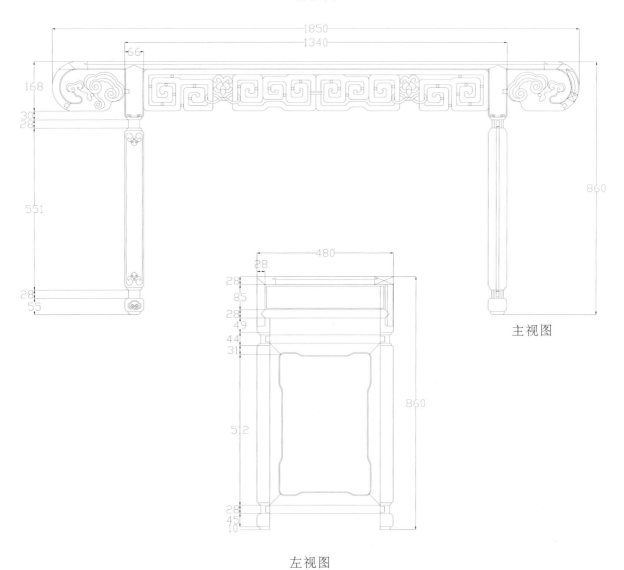

主视图

左视图

云头圆腿小条案

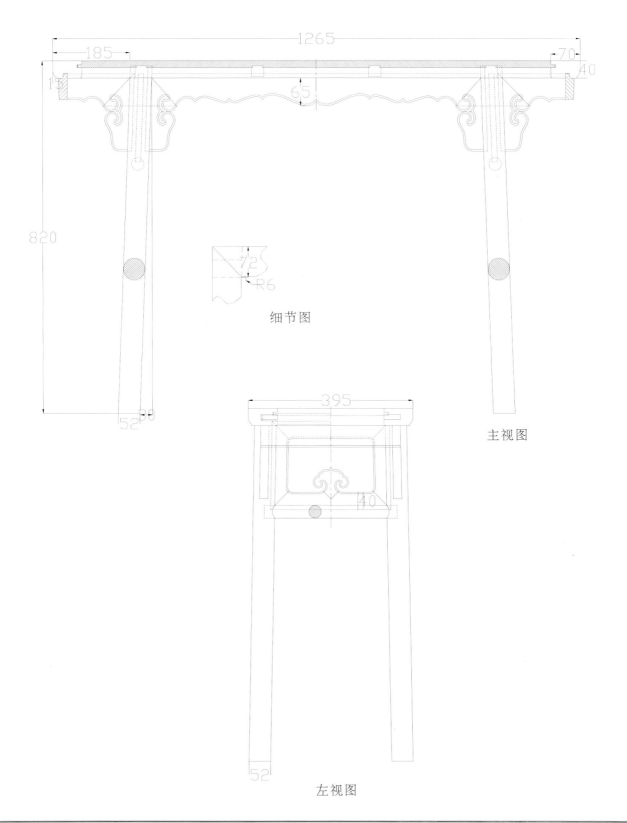

细节图

主视图

左视图

淡泊案桌

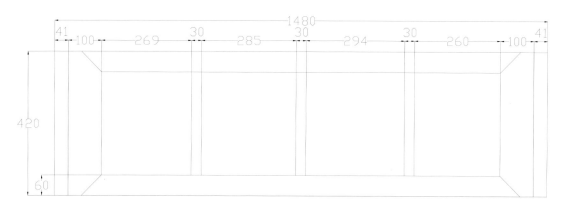

俯视图

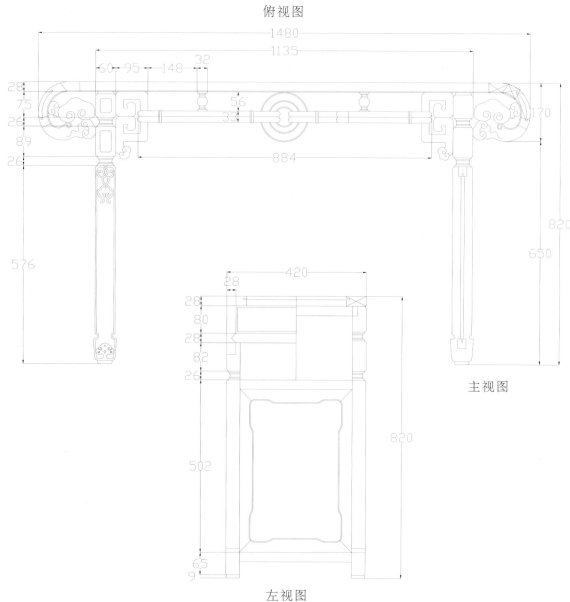

主视图

左视图

架式案桌

俯视图

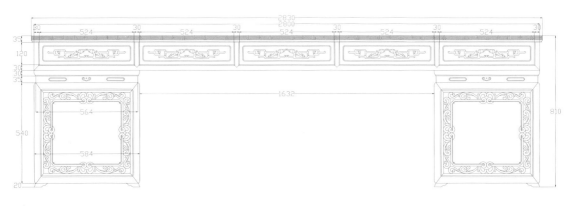

主视图

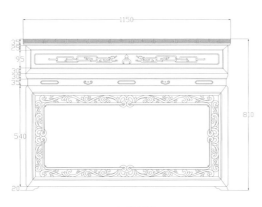

左视图

吉庆小案几

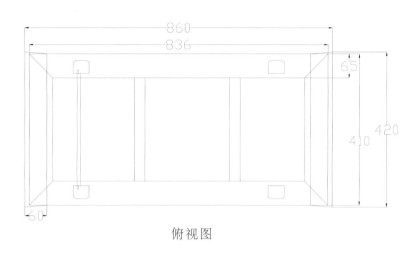

俯视图

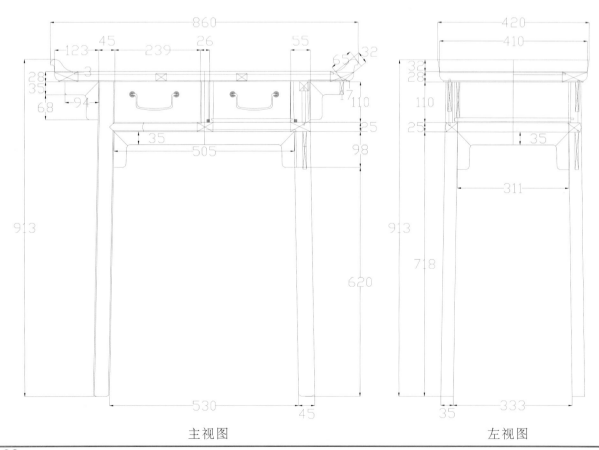

主视图　　　　　　左视图

清式云龙寿字纹方桌

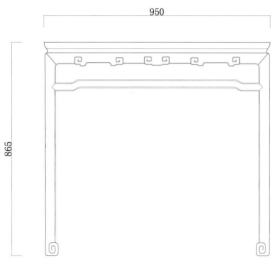

主视图

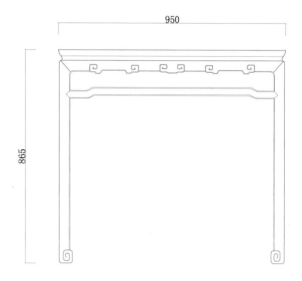

左视图

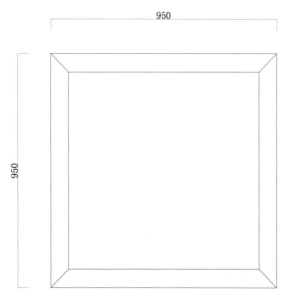

俯视图

台案类 29

鸿福案桌

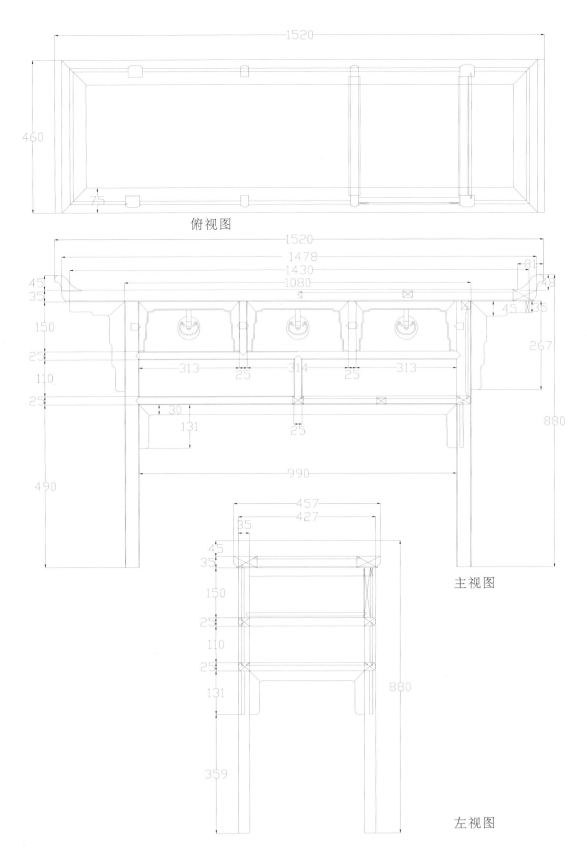

俯视图

主视图

左视图

祥源案桌

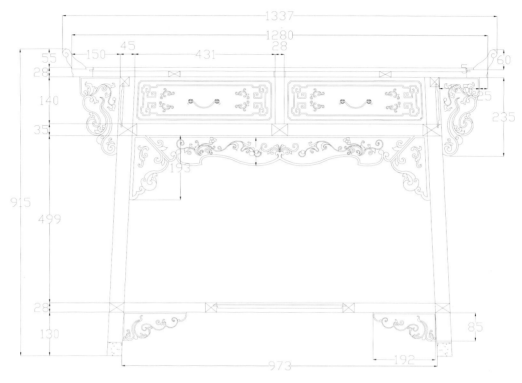

主视图

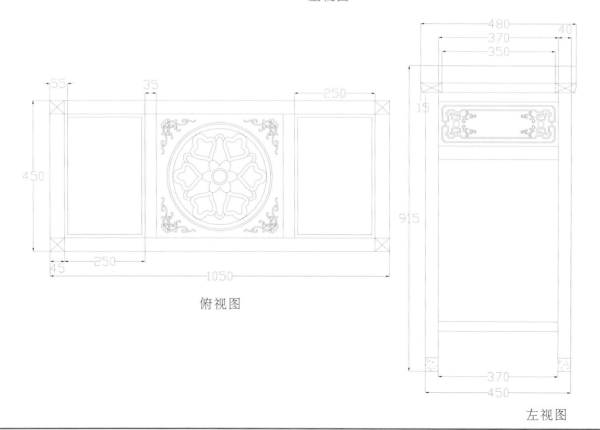

俯视图

左视图

福寿如意案桌

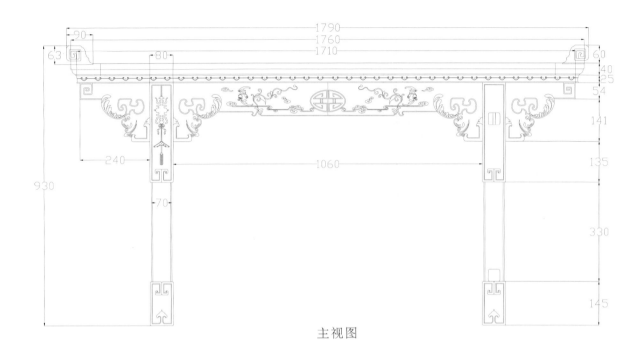

主视图

左视图

明式案桌

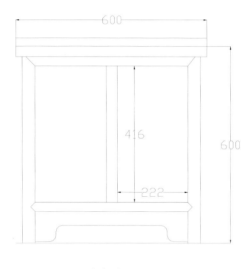

左视图

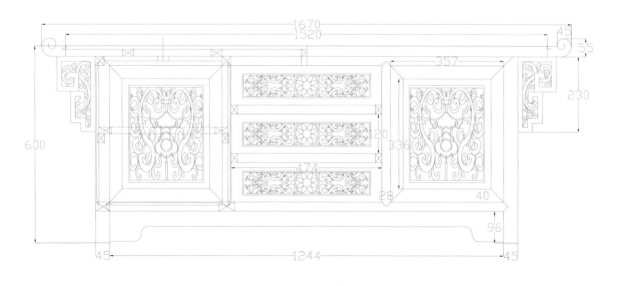

主视图

大案台

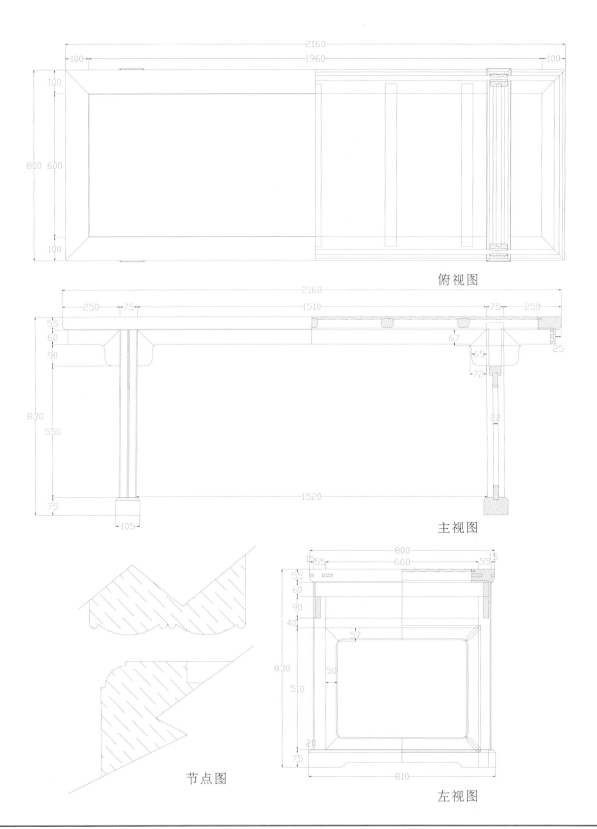

俯视图

主视图

节点图

左视图

搭台

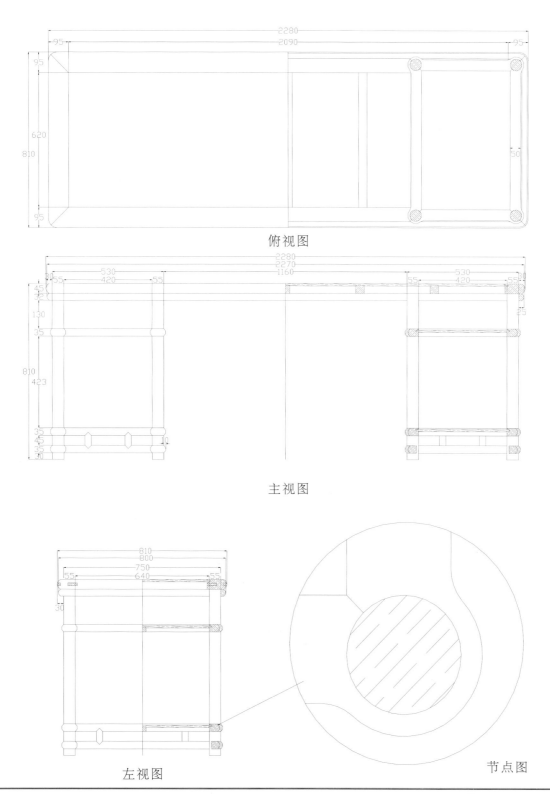

俯视图

主视图

左视图　　　节点图

台案类 35

大千画案

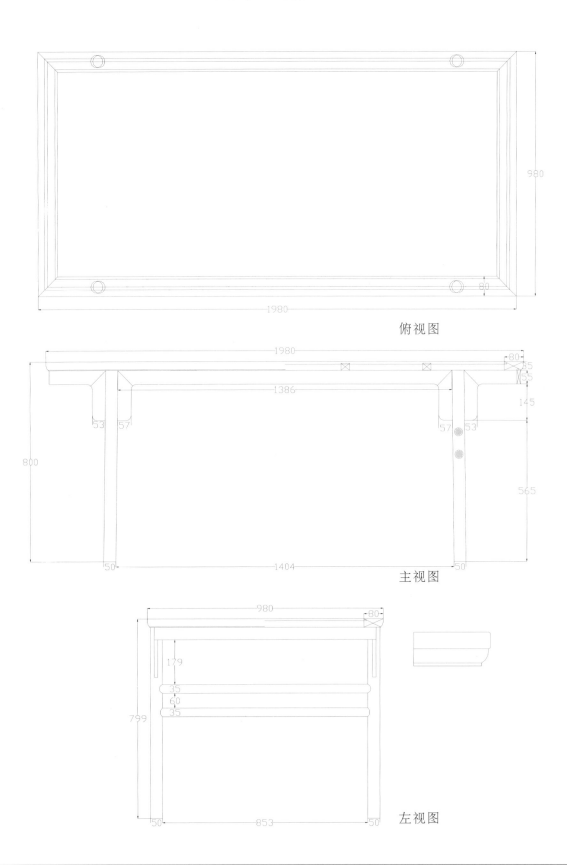

俯视图

主视图

左视图

博古纹画案

俯视图

主视图

细节图

花梨马蹄斗供桌

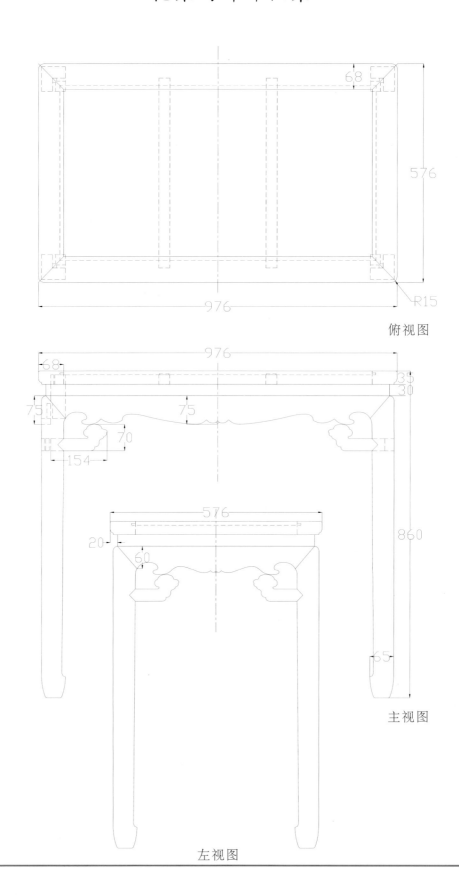

俯视图

主视图

左视图

松鹤迎年供桌

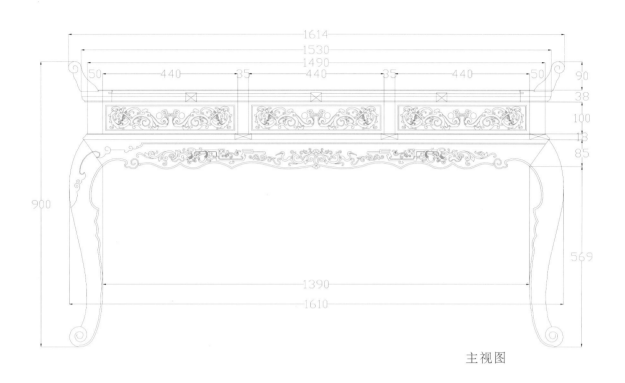

主视图

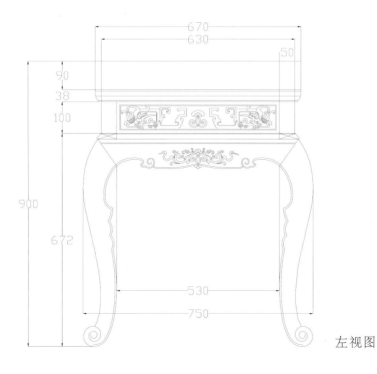

左视图

卷草纹几案

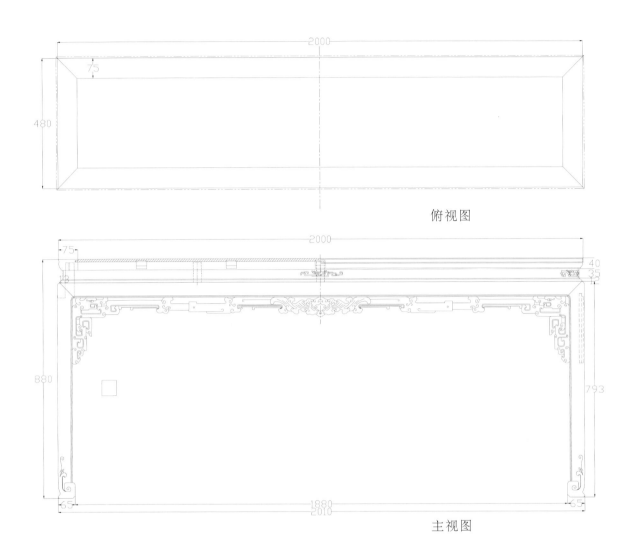

俯视图

主视图

左视图

台案类

明轩玄关桌

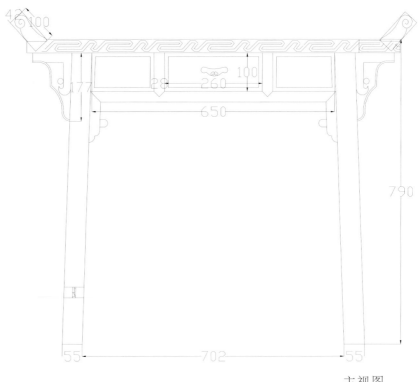

主视图

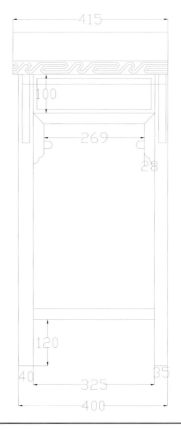

左视图

知心方桌

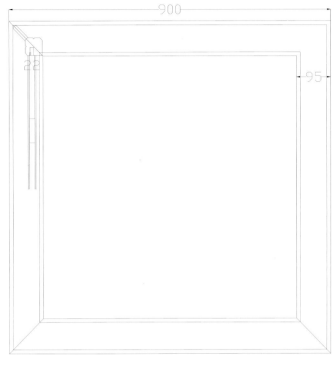

俯视图

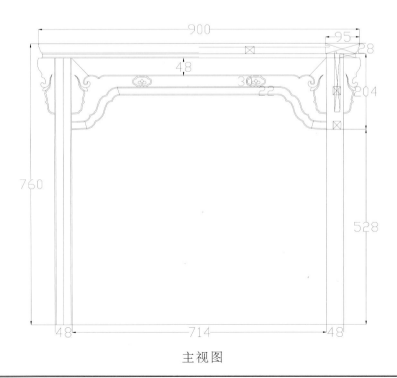

主视图

古典二联厨

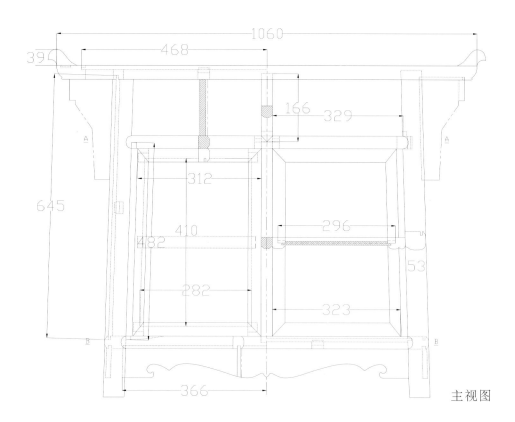

主视图

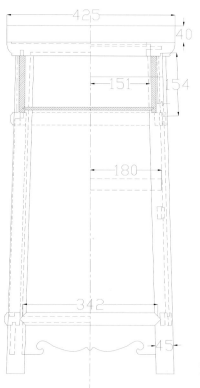

左视图

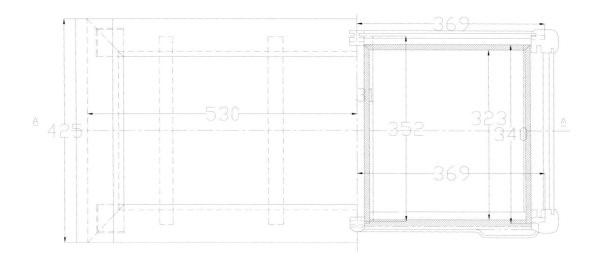

剖视图

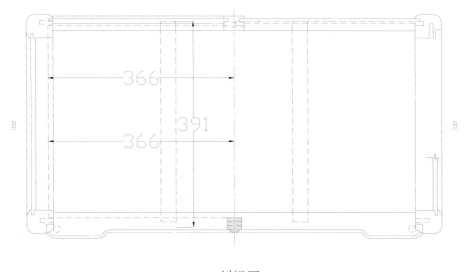

剖视图

螭龙纹二联厨

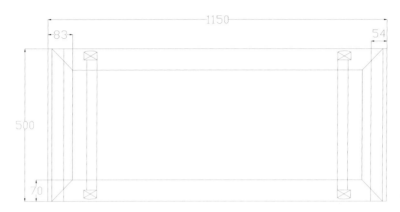

俯视图

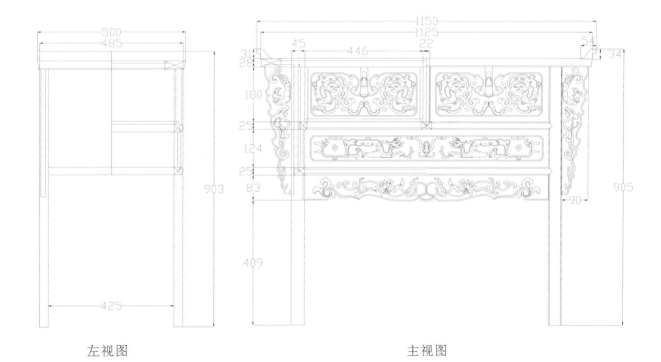

左视图　　　　　　　　　主视图

二联橱

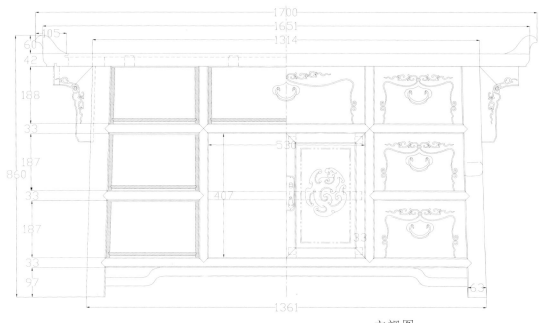

主视图

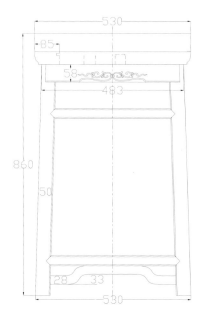

左视图

清式凤纹玄关桌

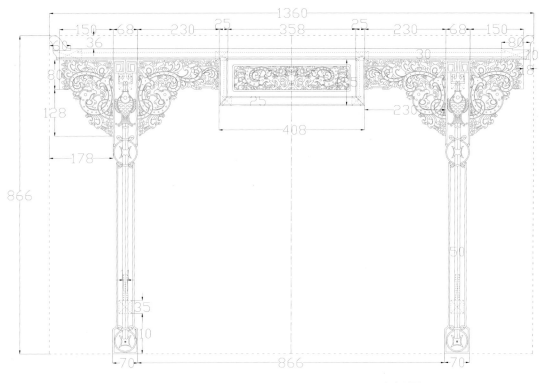

主视图

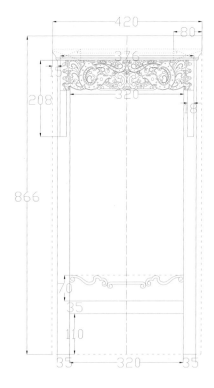

左视图

双凤凰梳妆台

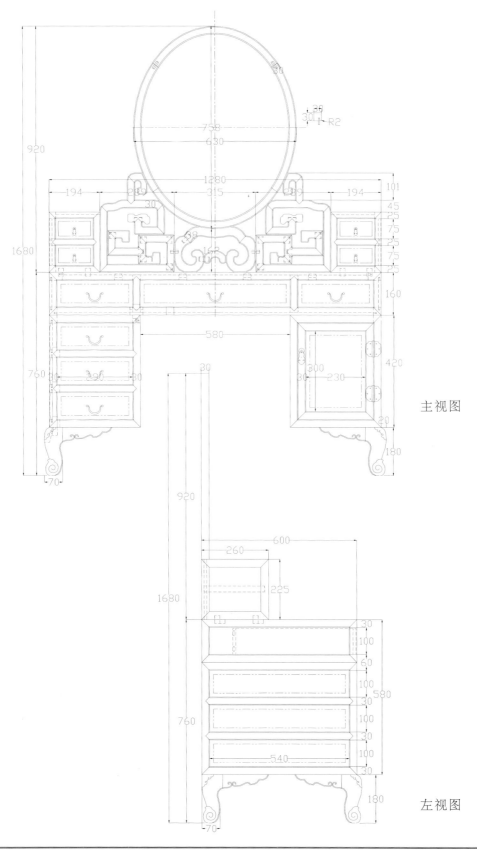

主视图

左视图

五抽梳妆台

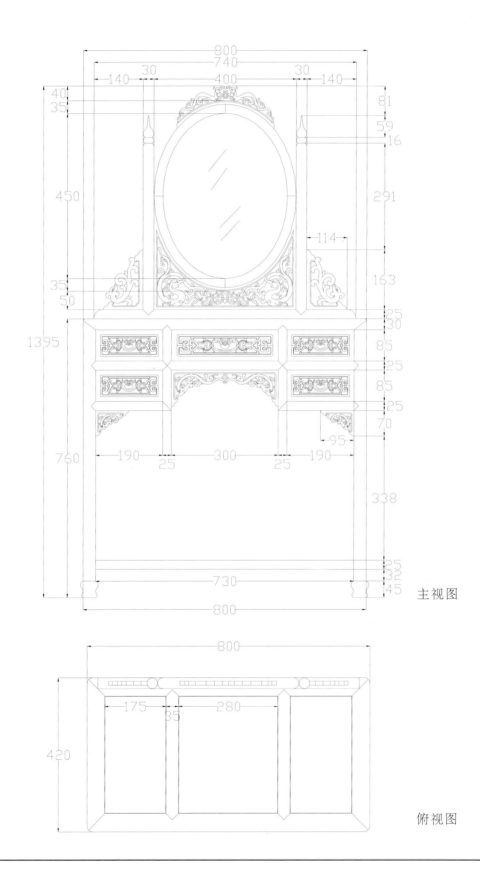

主视图

俯视图

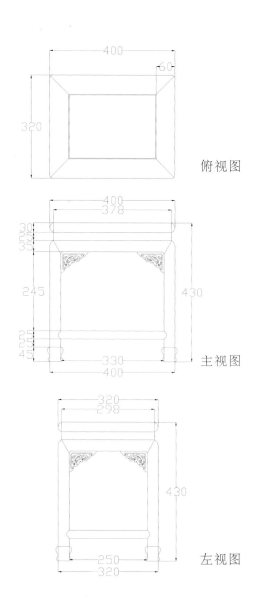

俯视图

主视图

左视图

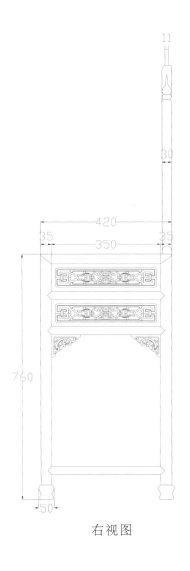

右视图

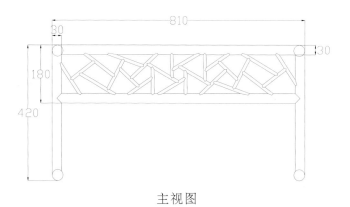

主视图

台案类 51

四抽三门梳妆台

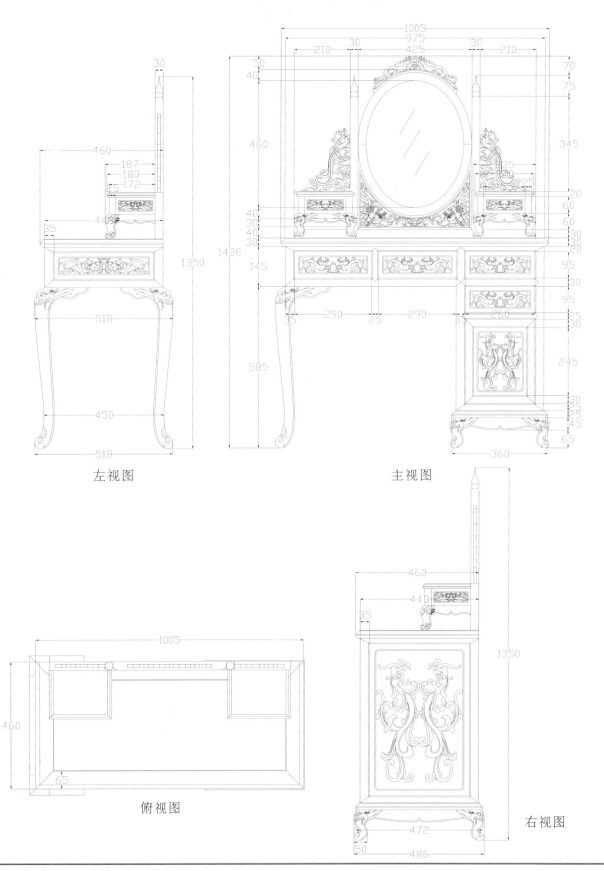

左视图

主视图

俯视图

右视图

清式灵芝纹插角八仙桌

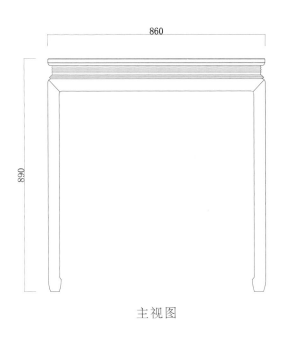

主视图

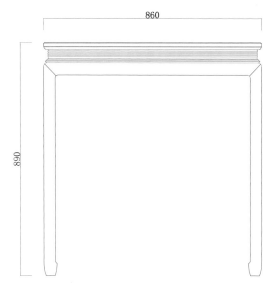

左视图

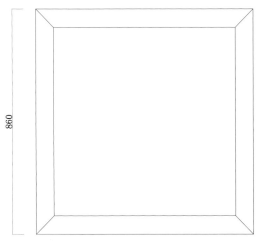

俯视图

古典梳妆台

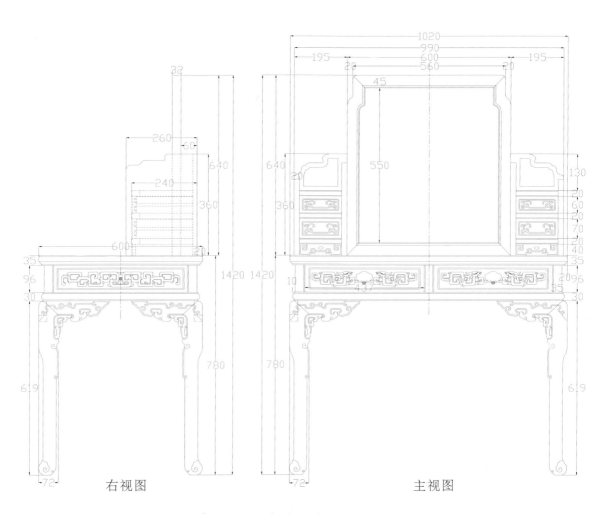

右视图　　　　　主视图

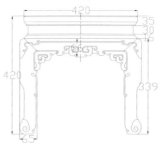

主视图

欧式梳妆台

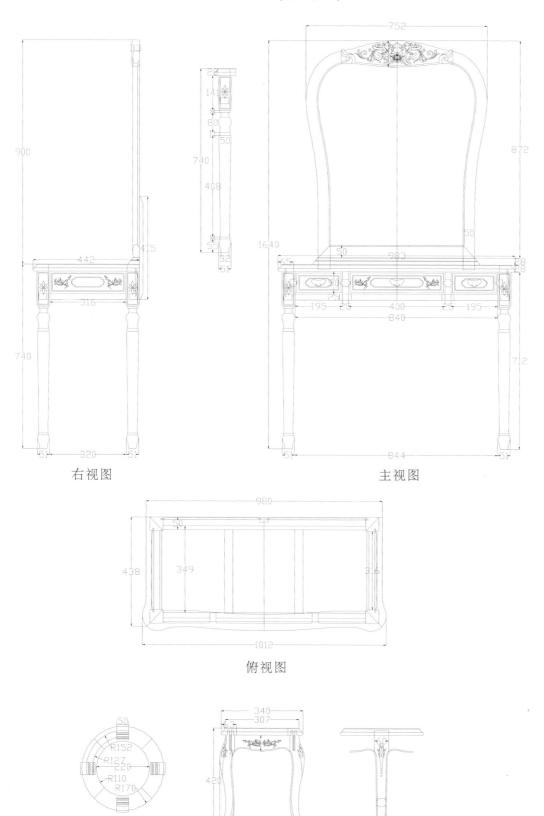

右视图　　主视图

俯视图

俯视图　主视图　右视图

中国传统家具木工CAD图谱②

清式八仙桌字纹方桌

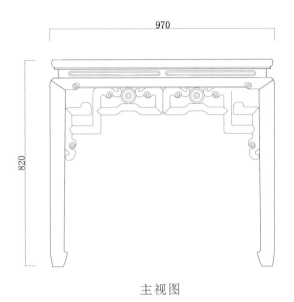

主视图

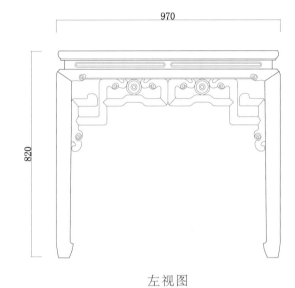

左视图

俯视图

清式书卷式夔龙纹雕花长桌

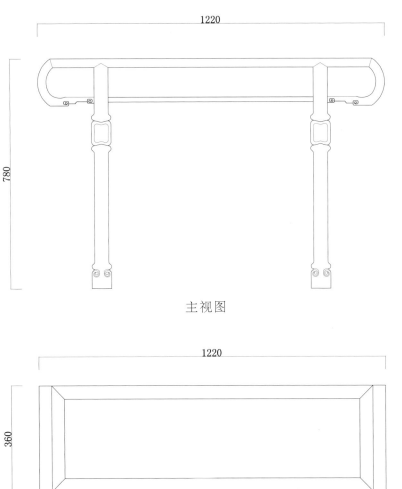

主视图

俯视图

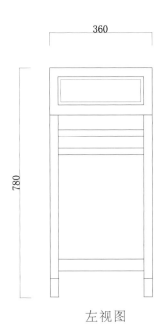

左视图

台案类 57

明式团螭纹两屉长桌

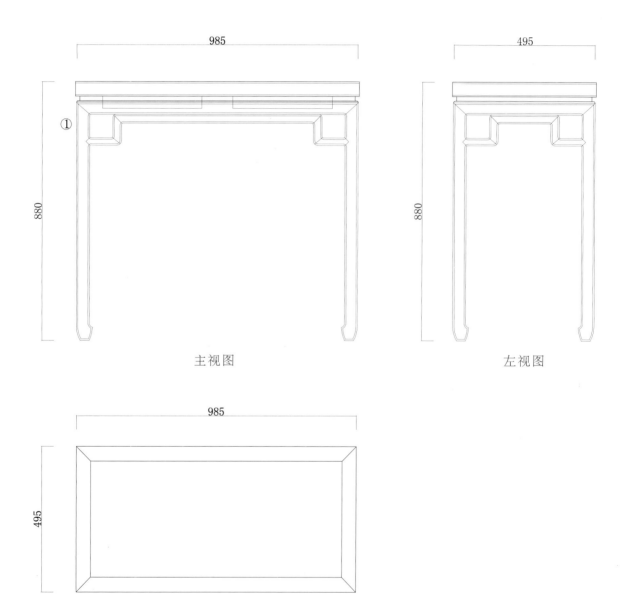

主视图

左视图

俯视图

富贵圆台

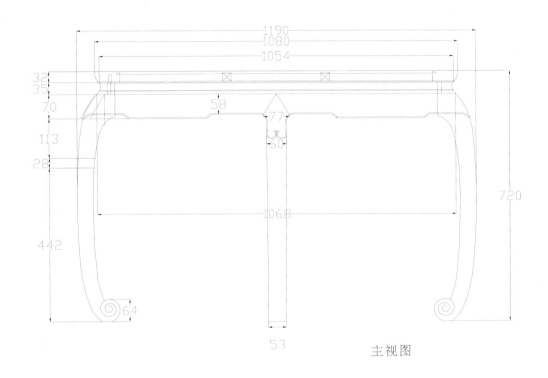

主视图

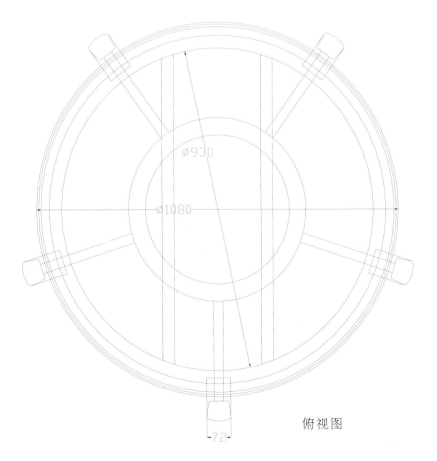

俯视图

圆台

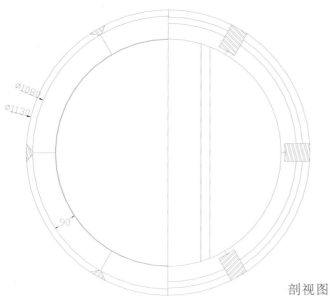

剖视图

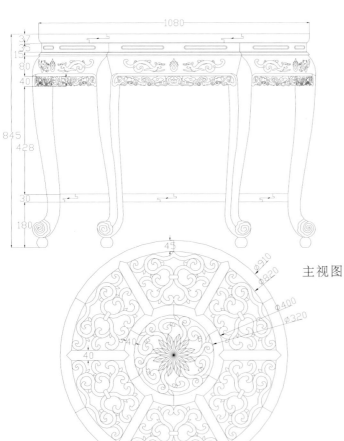

主视图

俯视图

细节图

五足带束腰圆桌

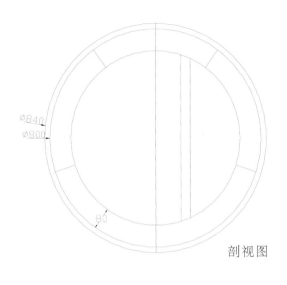

剖视图

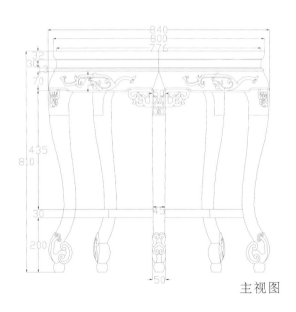

主视图

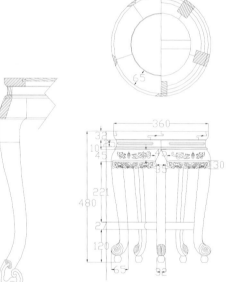

细节图

俯视图

梅花形圆桌

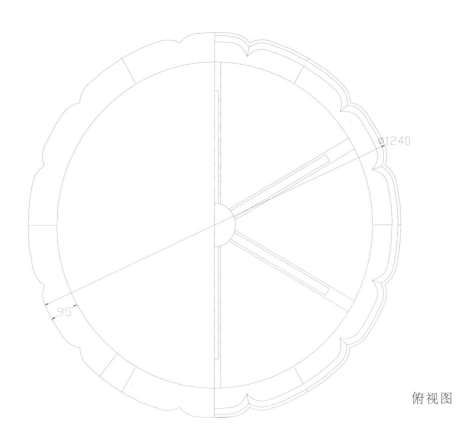

俯视图

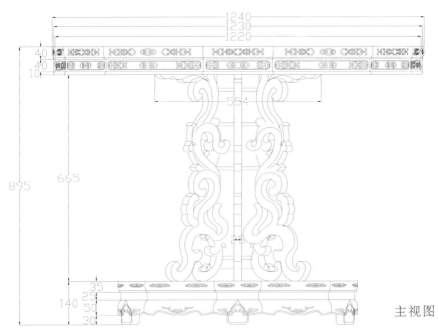

主视图

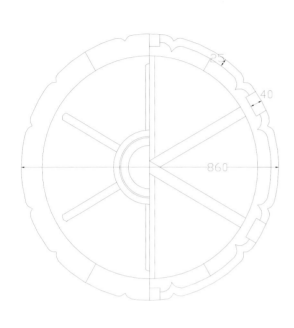

俯视图

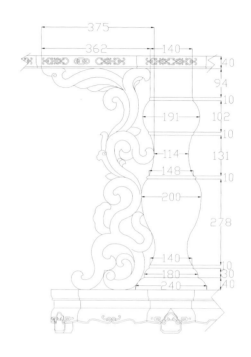

主视图

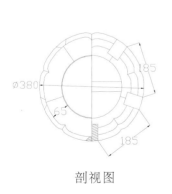

剖视图

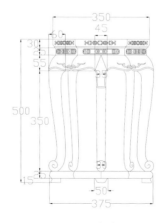

主视图

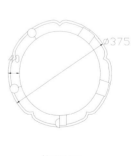

俯视图

六足带束腰圆桌

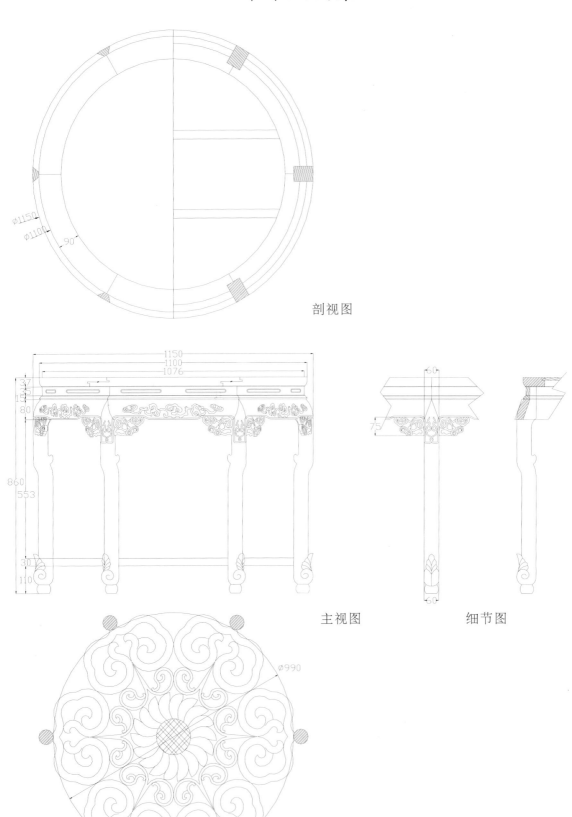

剖视图

主视图　　细节图

俯视图

荷叶状圆桌

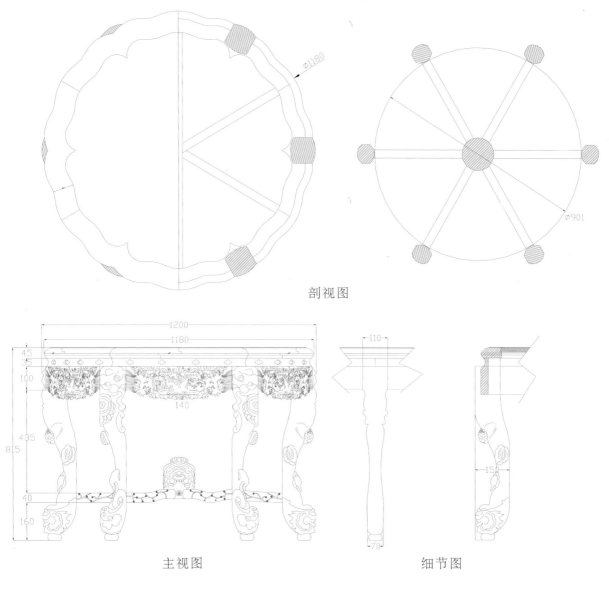

剖视图

主视图　　　　　细节图

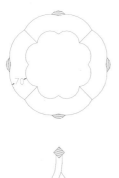

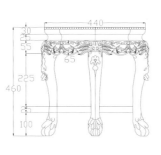

主视图

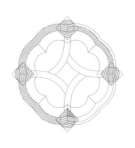

俯视图

剖视图

荷叶状半圆桌

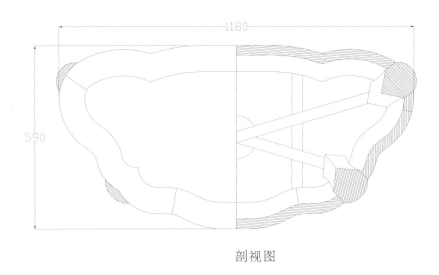

剖视图

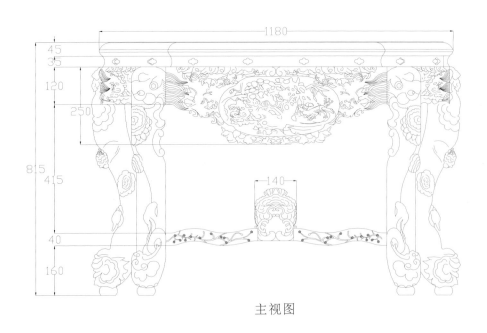

主视图

五福如意圆台椅

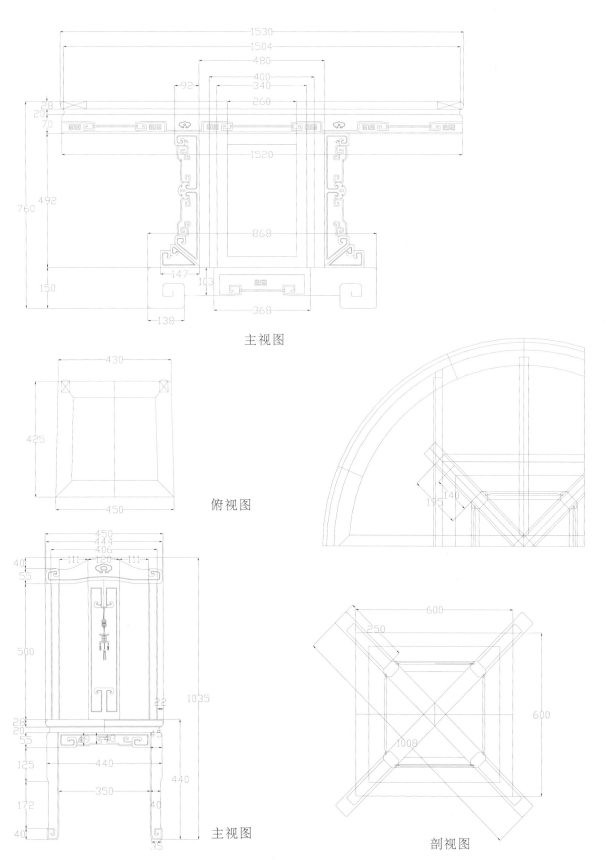

主视图

俯视图

主视图

剖视图

台案类 67

半圆台1

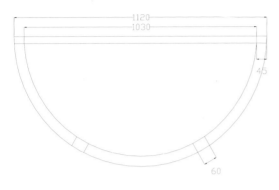
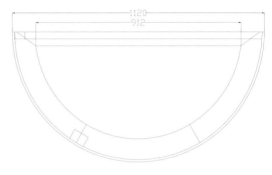

俯视图

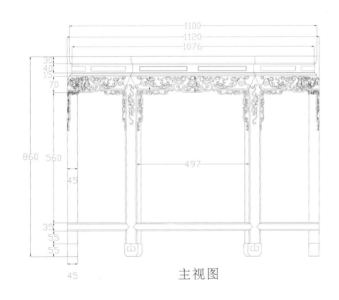

主视图　　　　　　　　　　　　细节图

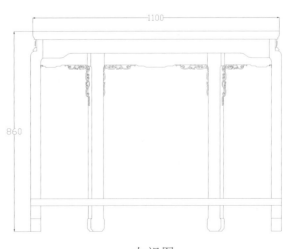

左视图

半圆台 2

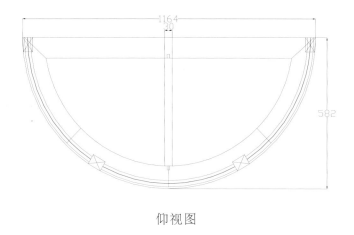

仰视图

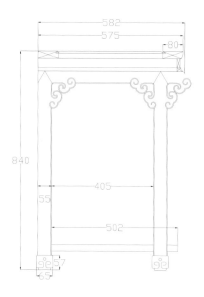

左视图

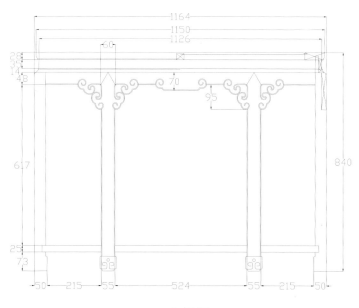

主视图

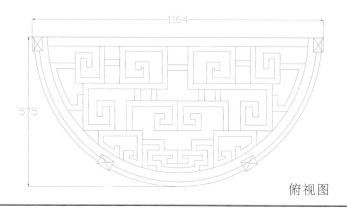

俯视图

镶石圆鼓桌

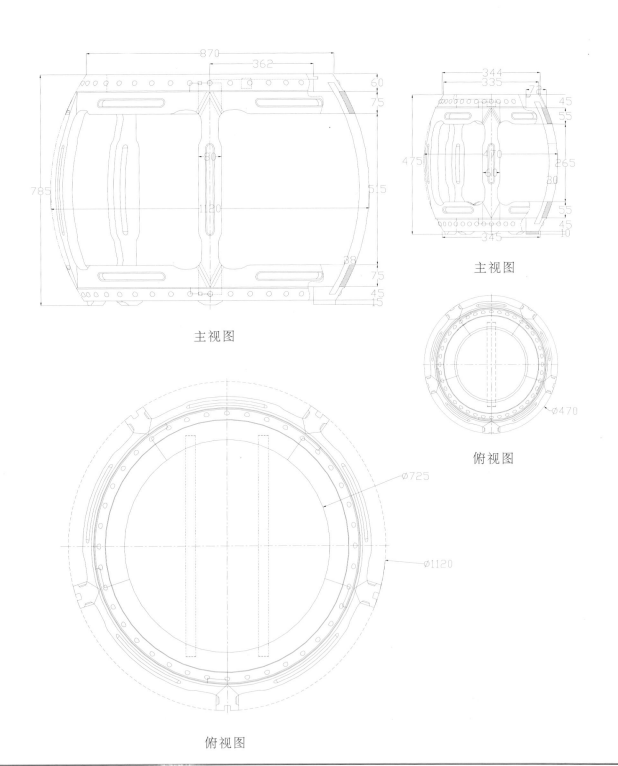

主视图

主视图

俯视图

俯视图

青龙脚圆台

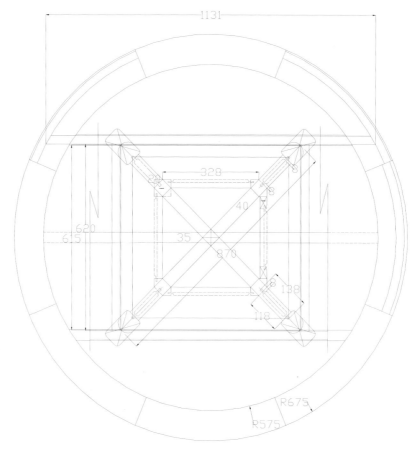

剖视图

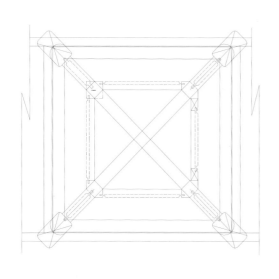

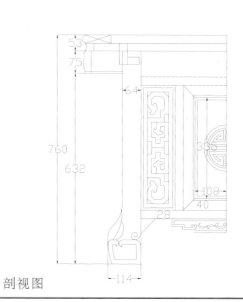

剖视图

明代式雕花三屉长桌

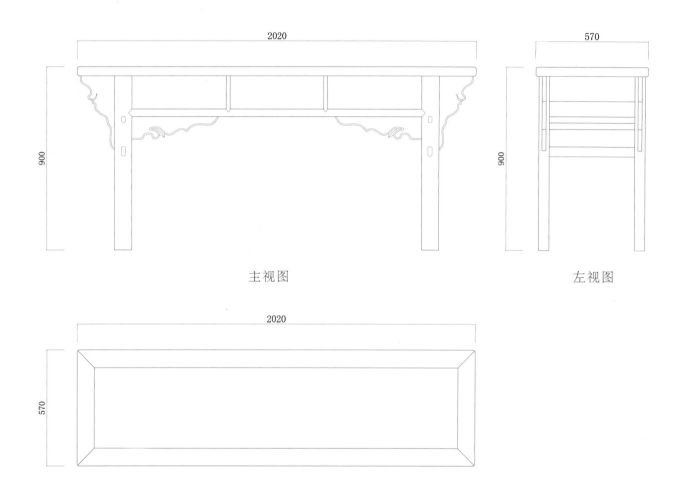

主视图　　左视图

俯视图

清代长桌

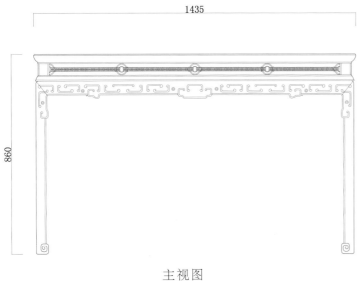

主视图

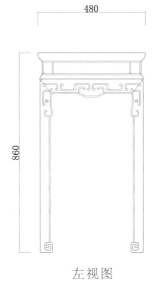

左视图

俯视图

清式拐子纹长桌

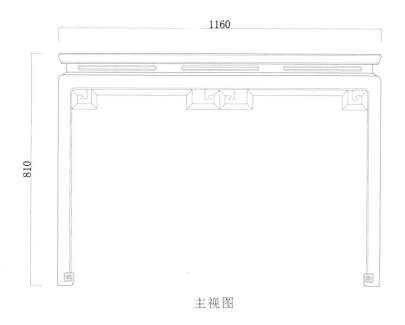

主视图

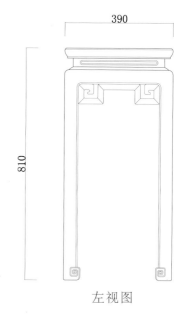

左视图

俯视图

清式云龙纹长桌

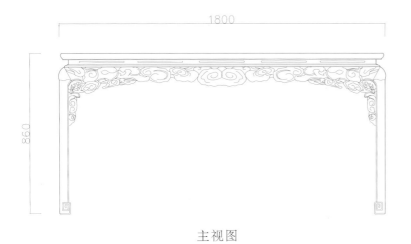

主视图

左视图

俯视图

清式嵌理石长方桌

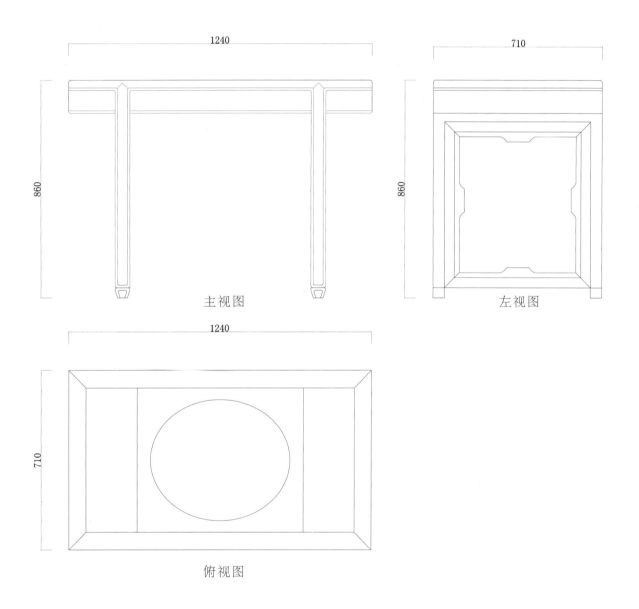

主视图

左视图

俯视图

明式梳子茶桌

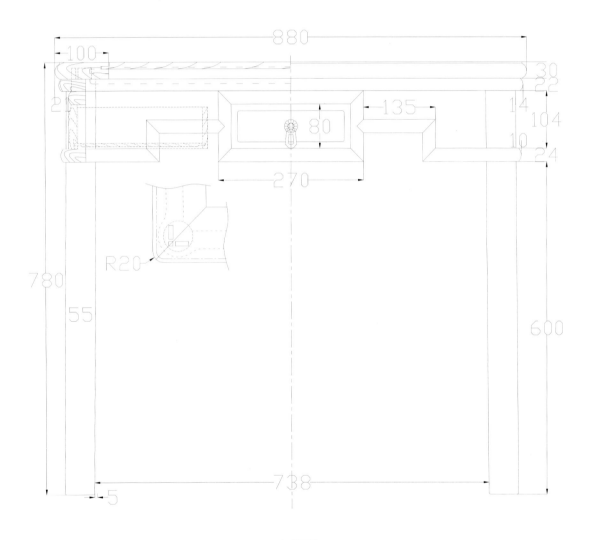

主视图

清趣茶桌1

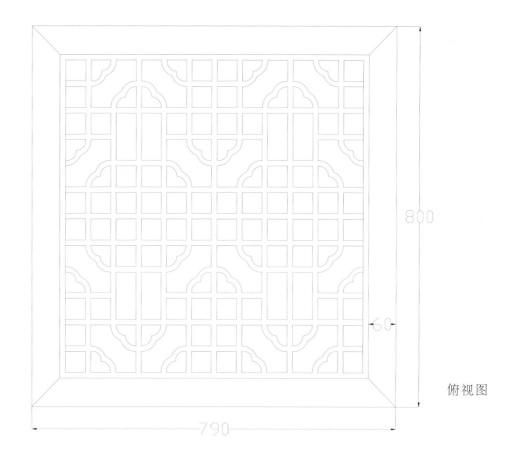

俯视图

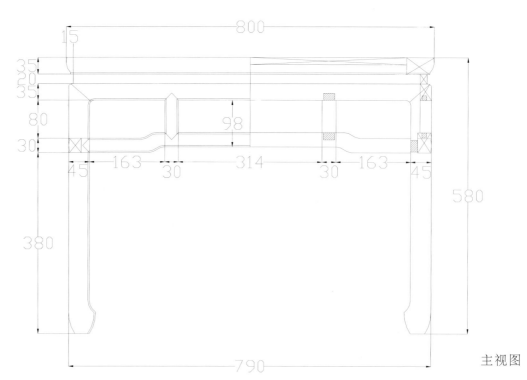

主视图

清趣茶桌 2

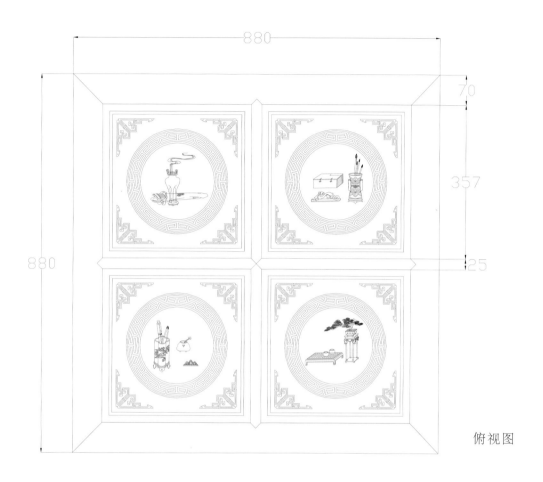

俯视图

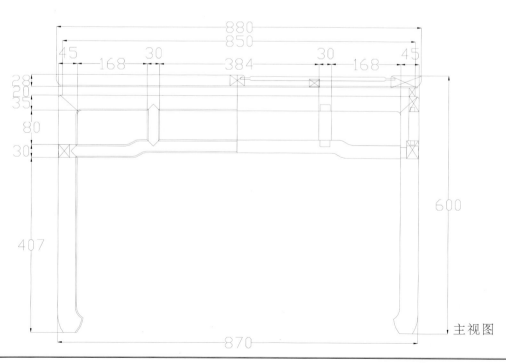

主视图

清式浮雕长方桌

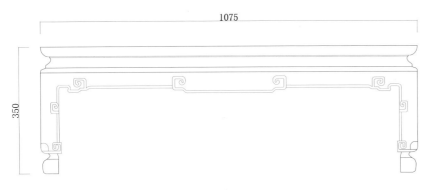

主视图 　　　左视图

俯视图

清式半桌

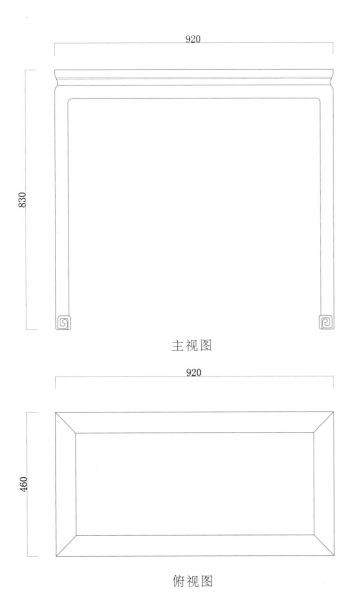

主视图

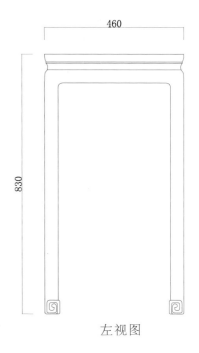

左视图

俯视图

外翻马蹄餐桌

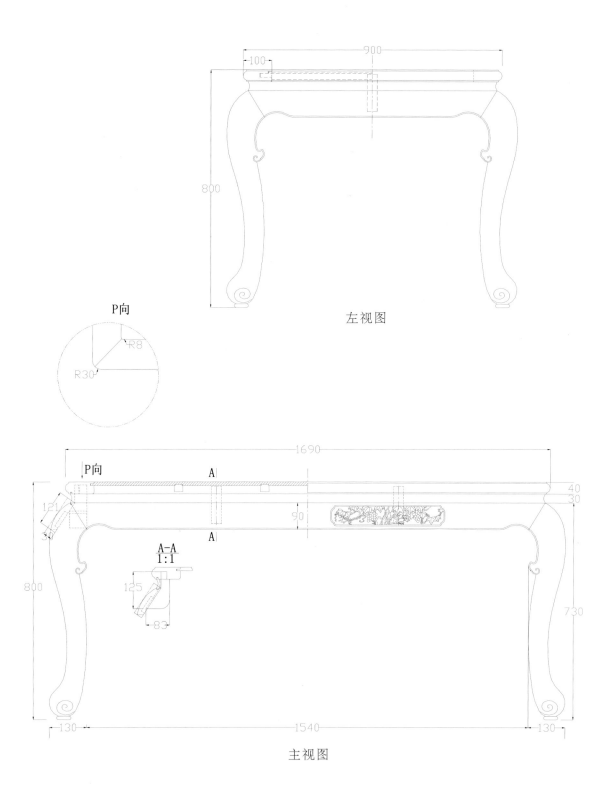

左视图

主视图

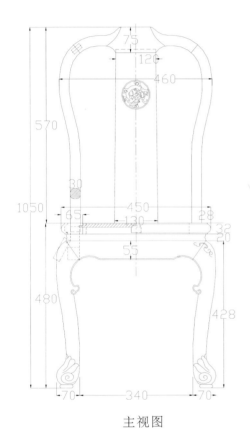
主视图

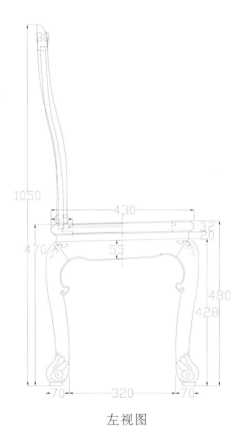
左视图

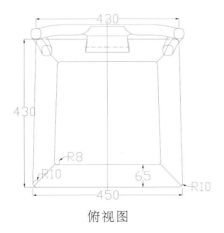
俯视图

台案类 83

清式圆形半桌

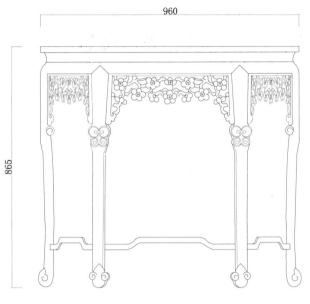

主视图

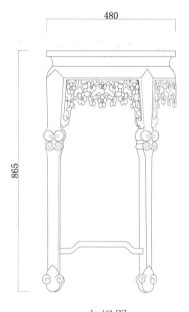

左视图

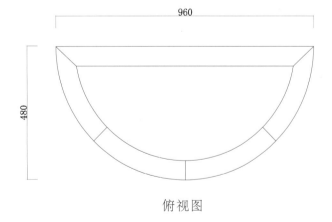

俯视图

清式番莲纹半圆桌

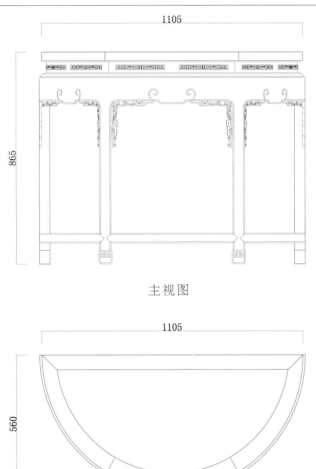

主视图

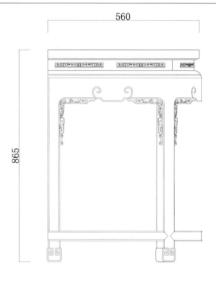

左视图

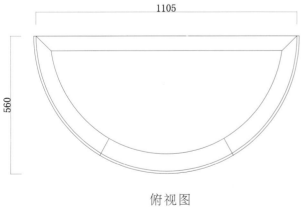

俯视图

清式圆形半桌

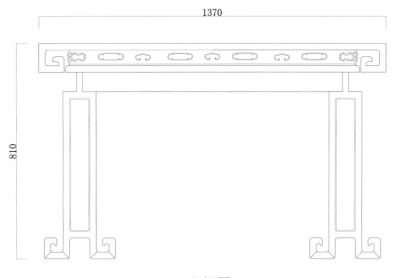

主视图

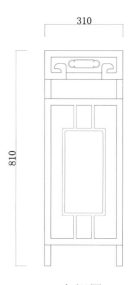

左视图

俯视图

清式番莲纹半圆桌

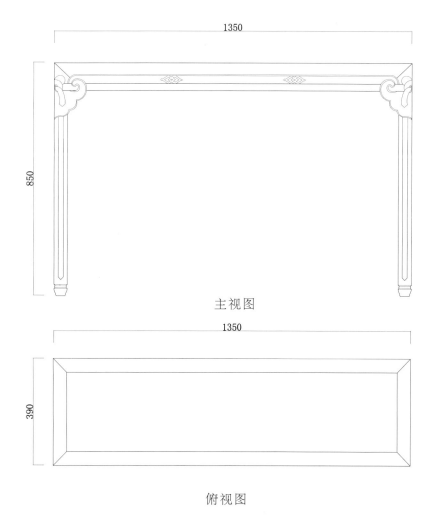

主视图

俯视图

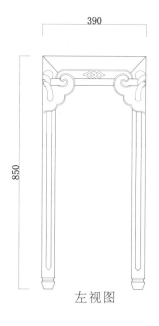

左视图

台案类 87

大理石面云纹餐桌

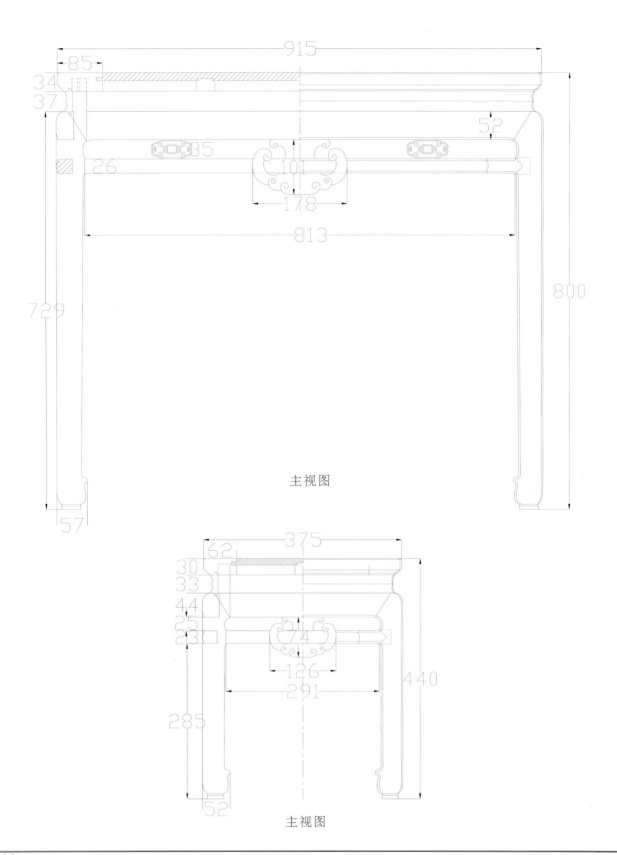

主视图

主视图

明式小条桌

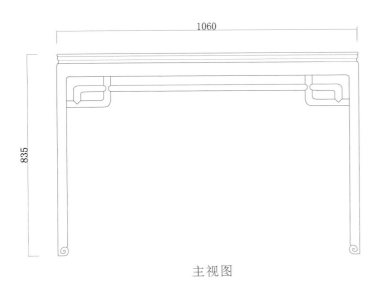

主视图

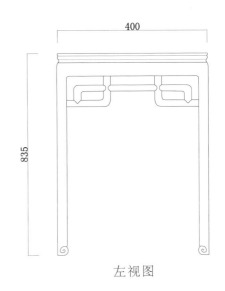

左视图

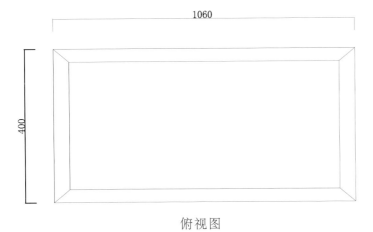

俯视图

东方之韵餐台椅

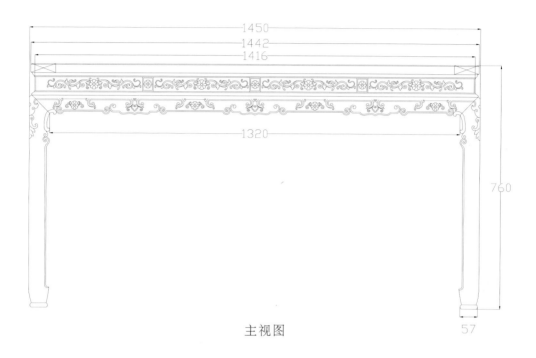

主视图

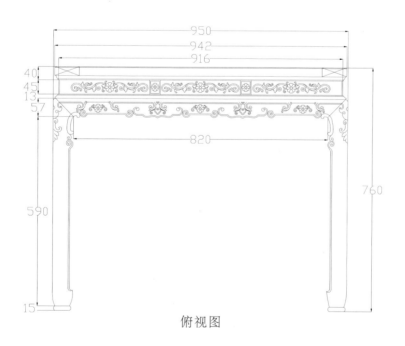

俯视图

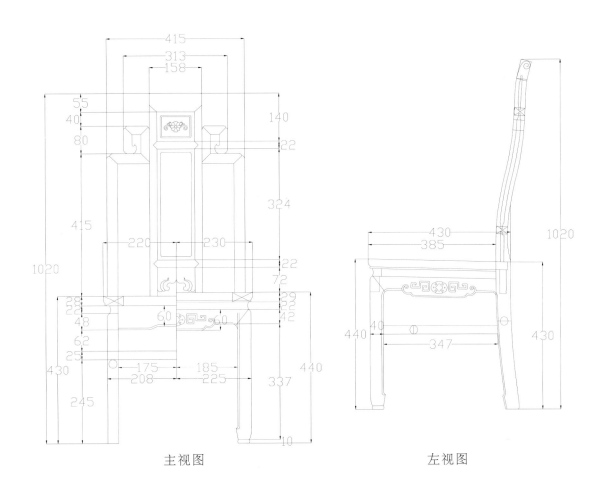

主视图　　　　　　　　　　　左视图

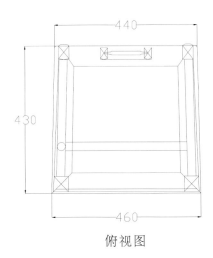

俯视图

餐台

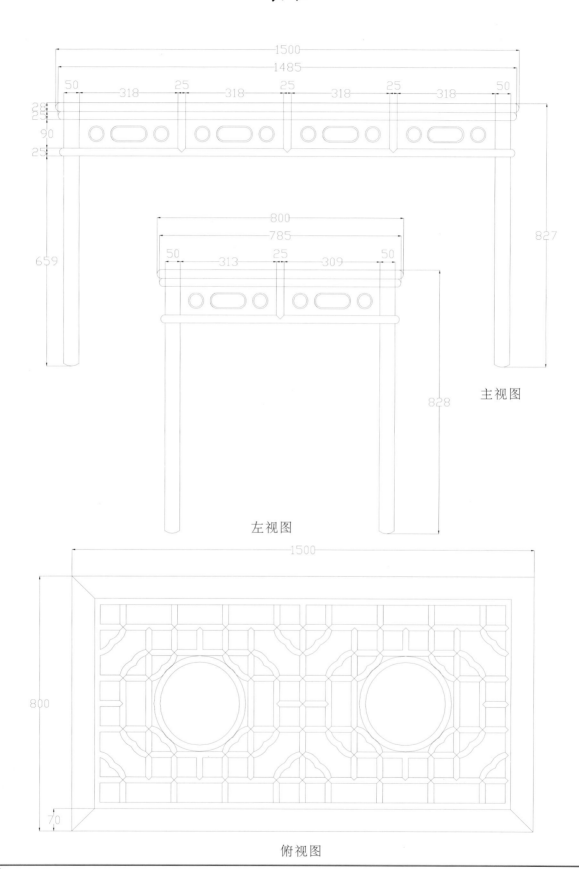

主视图

左视图

俯视图

格子餐台

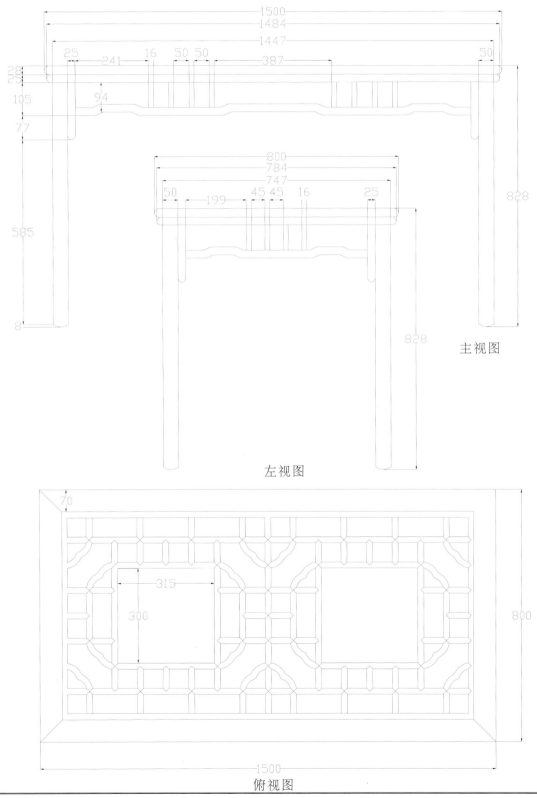

主视图

左视图

俯视图

明式四屉书桌

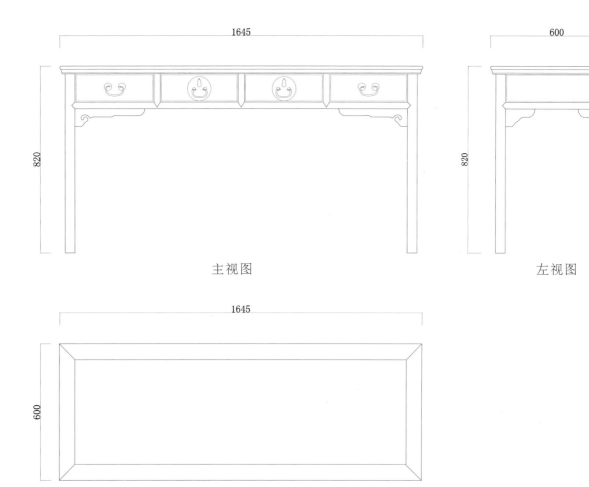

主视图　　左视图

俯视图

清式拐子纹供桌

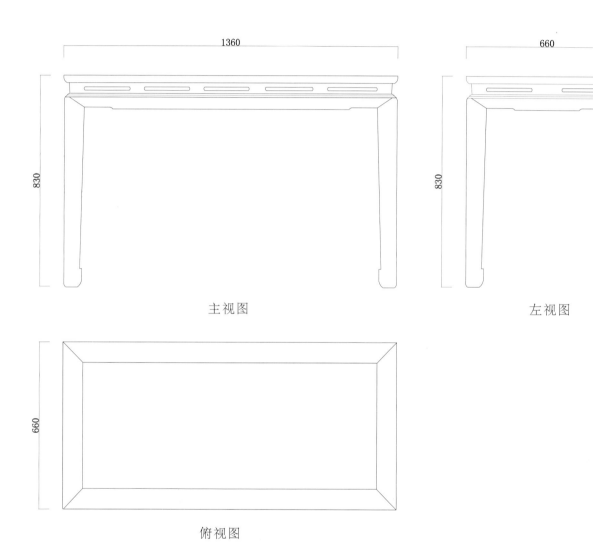

主视图

左视图

俯视图

方格餐台

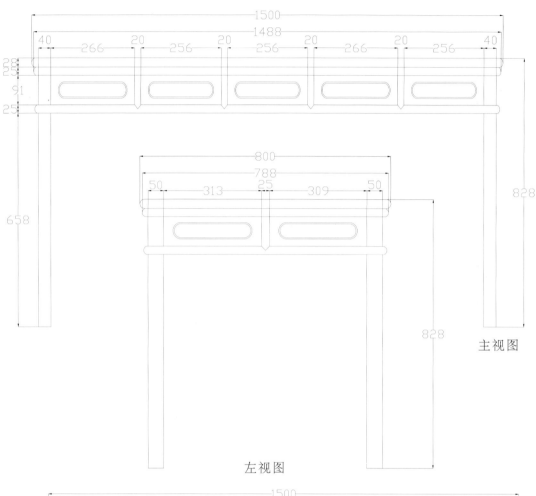

主视图

左视图

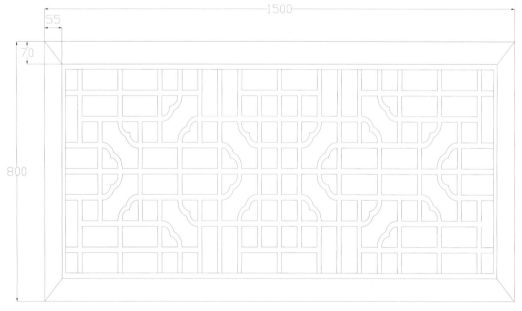

俯视图

古典餐台

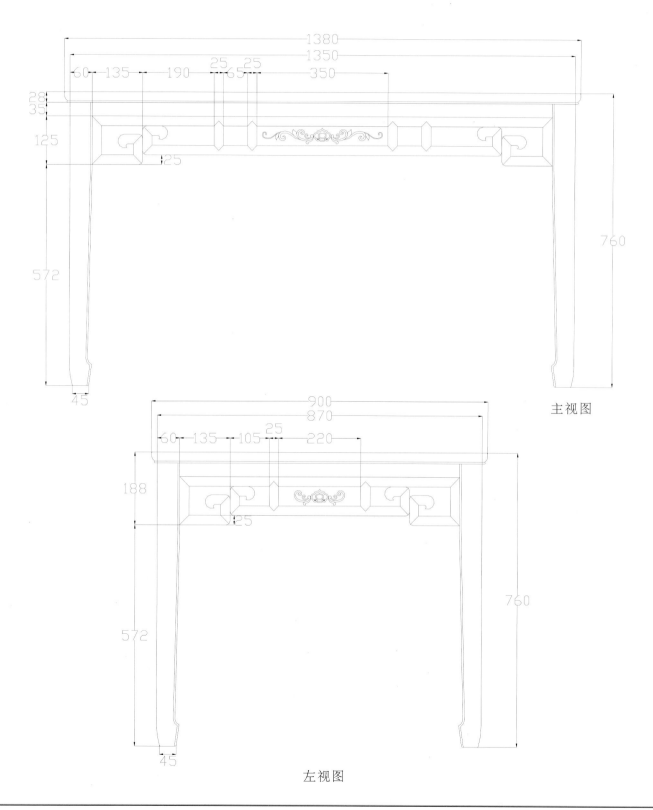

主视图

左视图

锦绣餐台椅

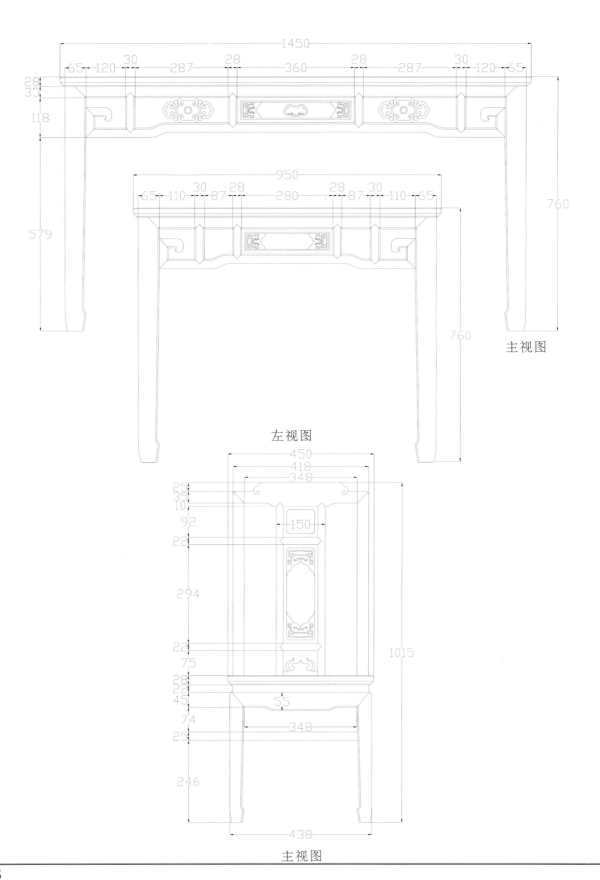

主视图

左视图

主视图

竹节画台

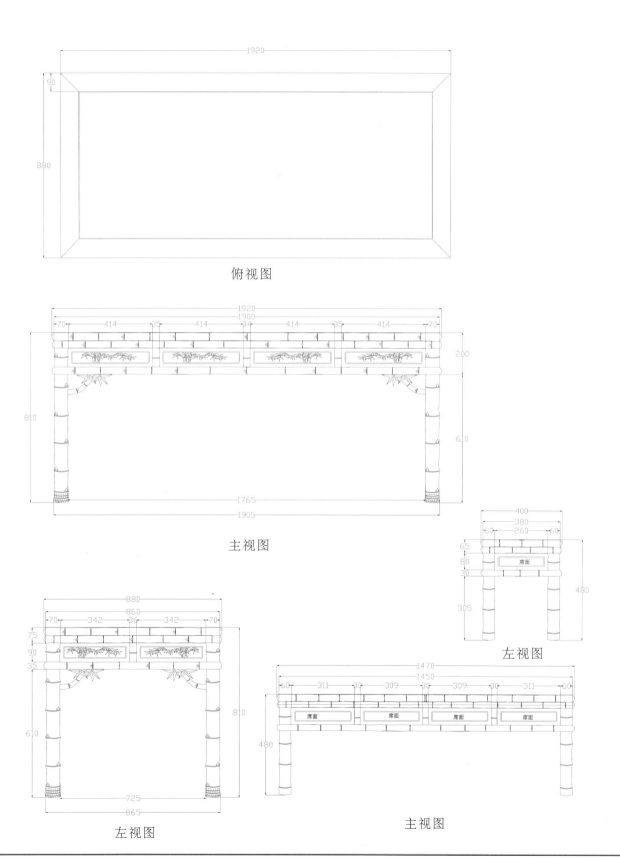

俯视图

主视图

左视图

左视图

主视图

平头酒桌

俯视图

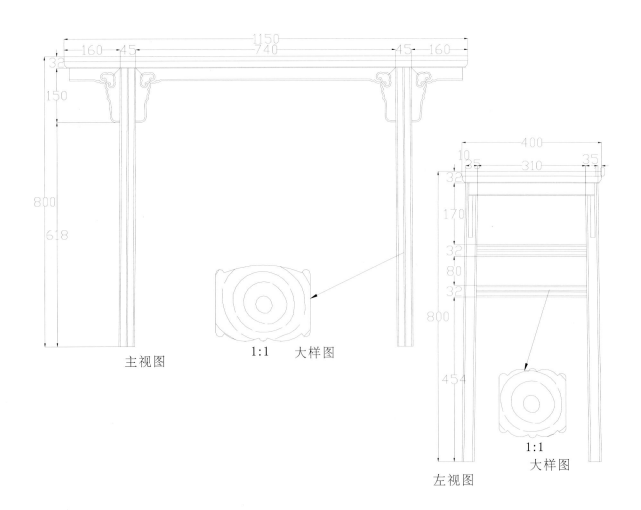

主视图　　1:1 大样图　　左视图　　1:1 大样图

云龙写字台

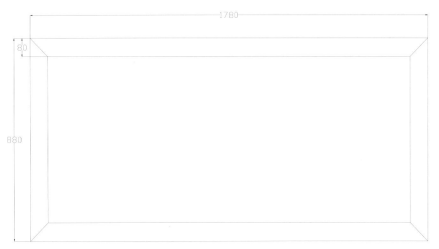

俯视图

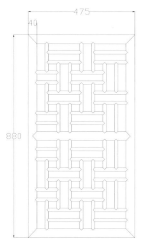

左视图

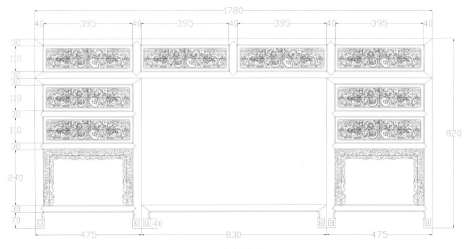

主视图

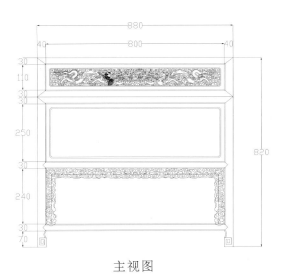

主视图　　　　　　　　　　左视图

竹节写字台

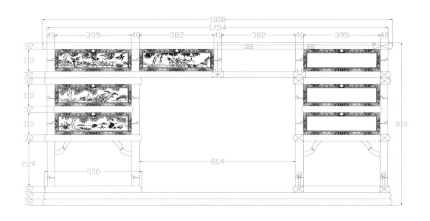

主视图

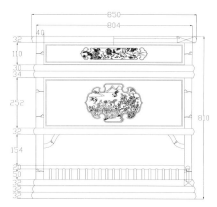

左视图

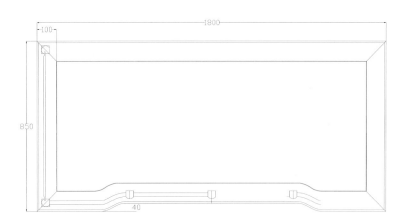

俯视图

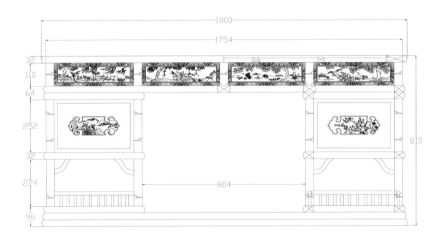

主视图   左视图

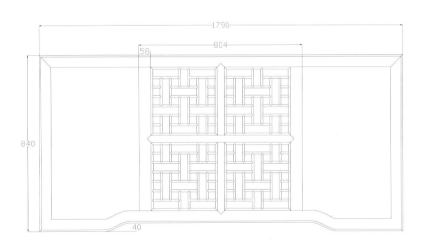

俯视图

写字台1

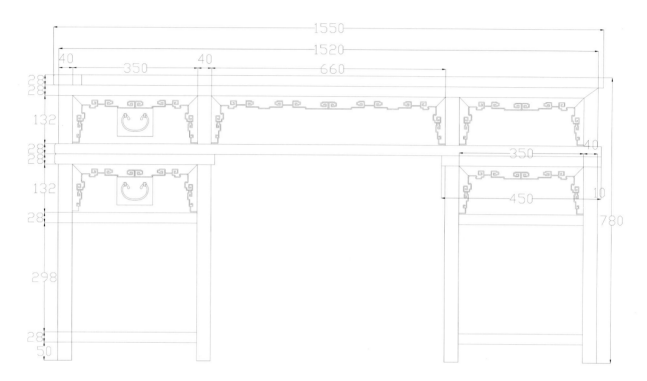

主视图

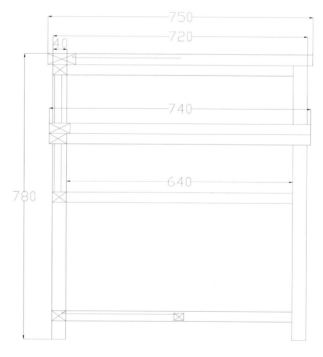

左视图

写字台 2

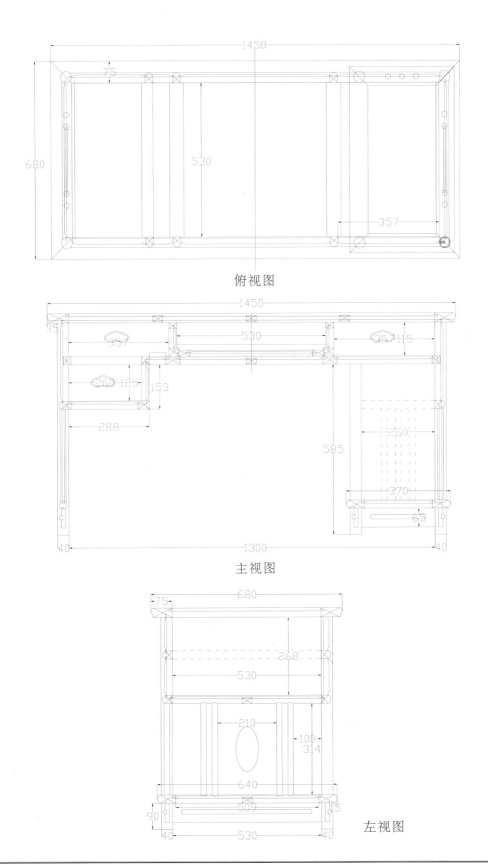

俯视图

主视图

左视图

写字台 3

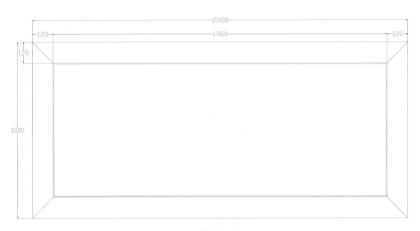

俯视图

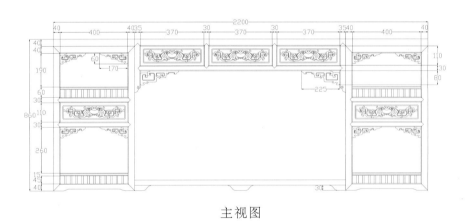

主视图

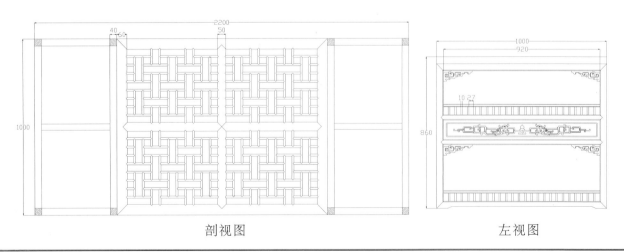

剖视图　　　　　　　　　左视图

套房写字台

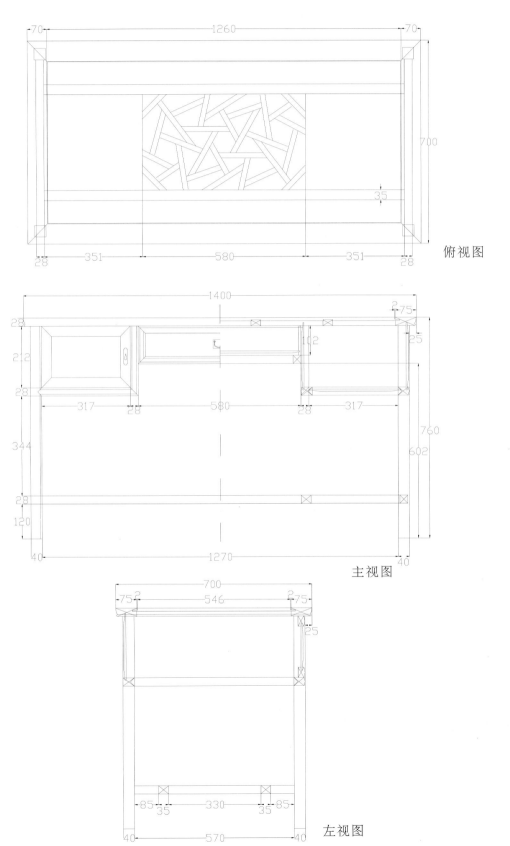

俯视图

主视图

左视图

现代风写字台

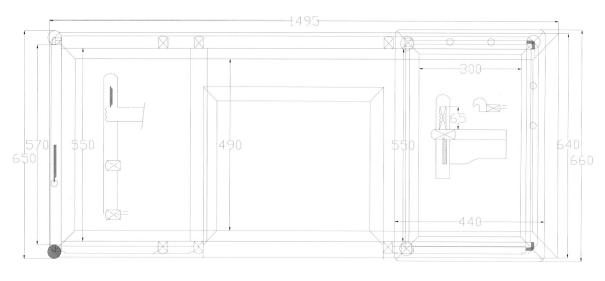

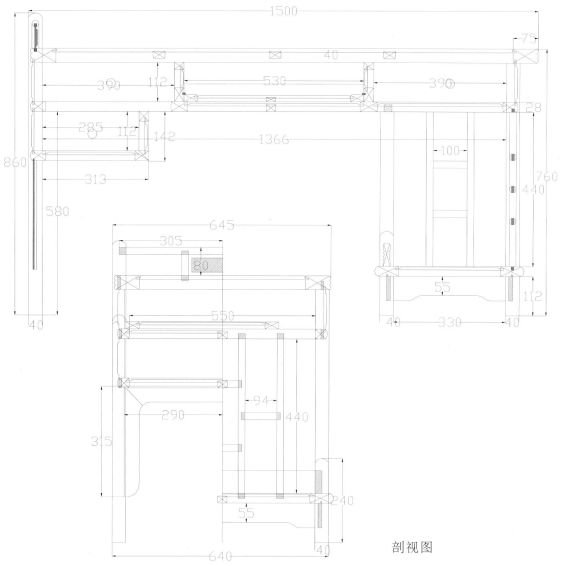

剖视图

金福源写字台

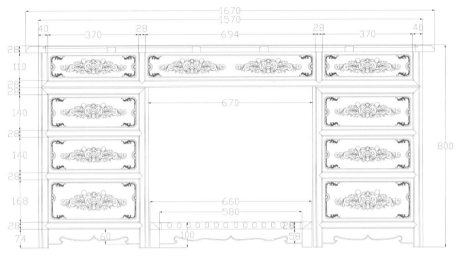

主视图

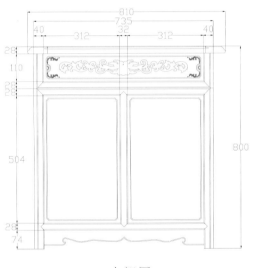

左视图

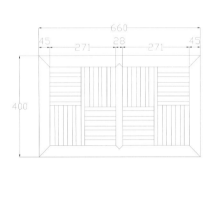

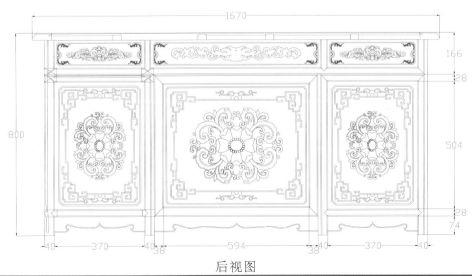

后视图

十抽雕拐子纹办公台

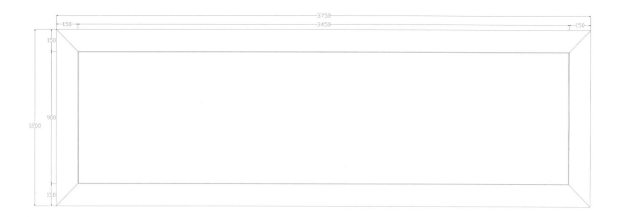

俯视图

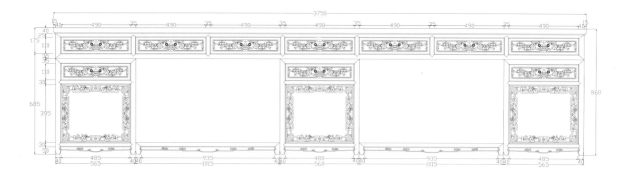

主视图

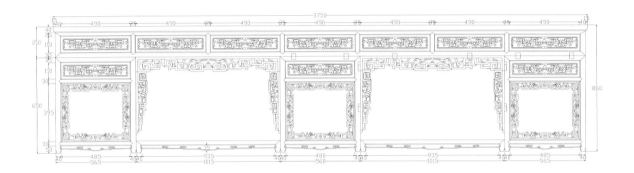

后视图

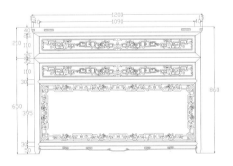

左视图

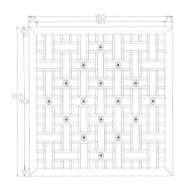

细节图

明式云龙纹条案

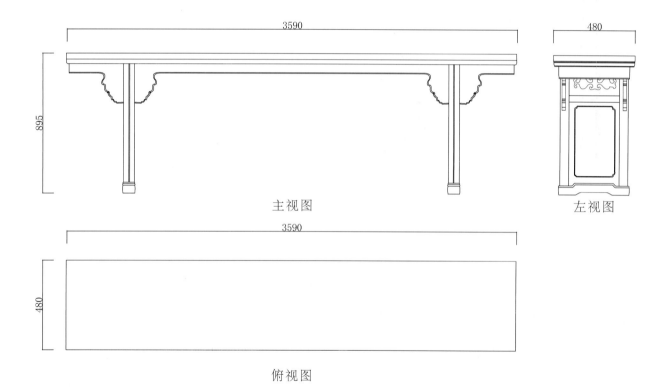

主视图　　　左视图

俯视图

七抽办公台

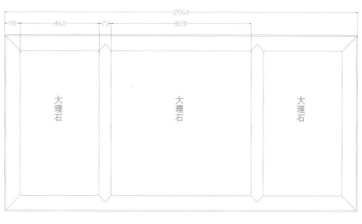

俯视图

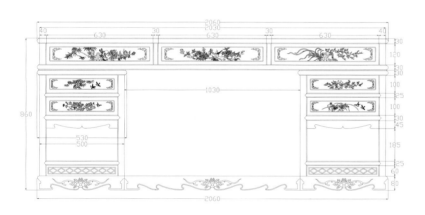

主视图

左视图

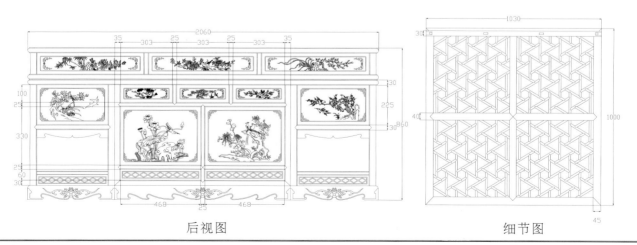

后视图　　　　　　　　　　　细节图

台案类 113

电脑台

主视图

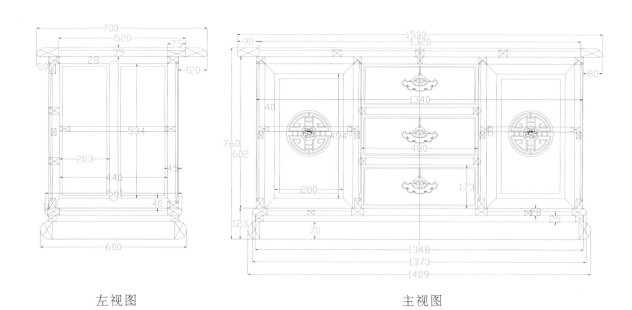

左视图　　　　　　　主视图

方台

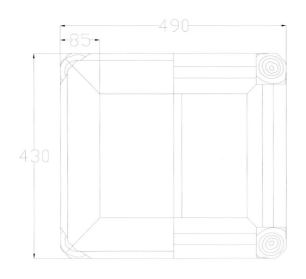

剖视图

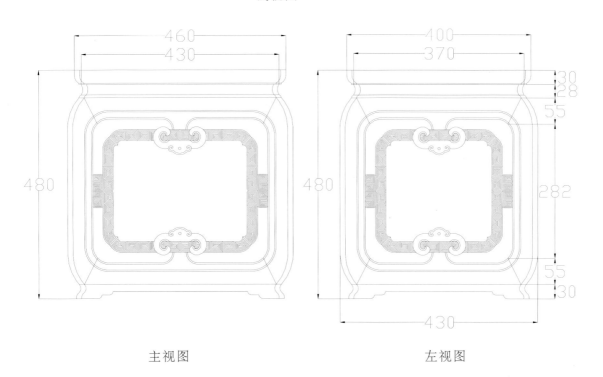

主视图　　　　　　　　左视图

清式条桌

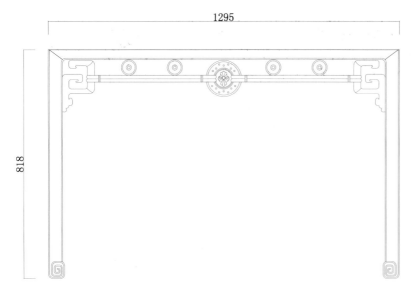

主视图

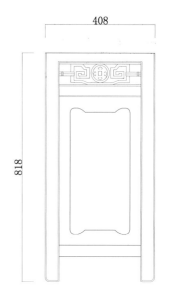

左视图

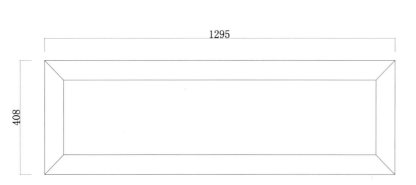

俯视图

清式拐子纹条桌

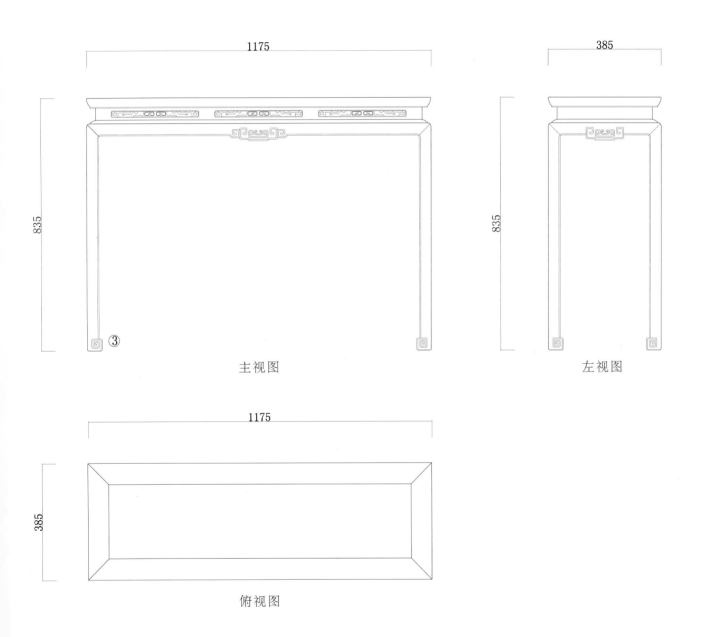

主视图　　左视图

俯视图

清式西番莲纹条桌

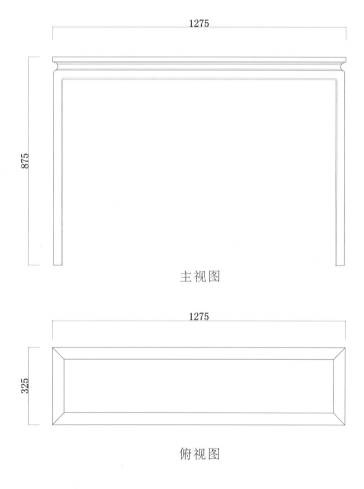

主视图

俯视图

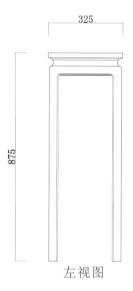

左视图

明式书桌

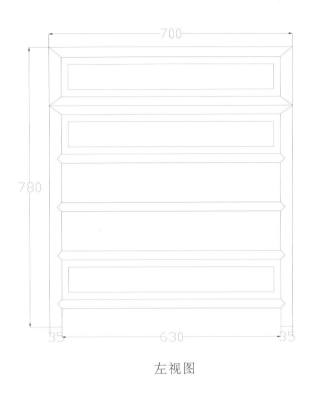

左视图

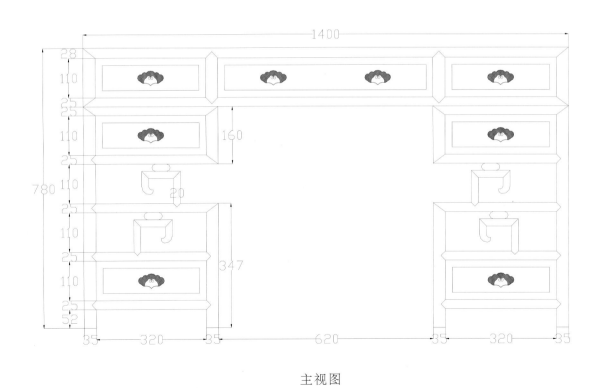

主视图

清式玉宝珠纹条桌

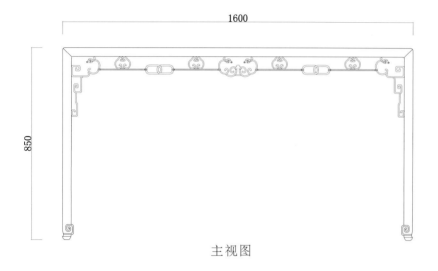

主视图

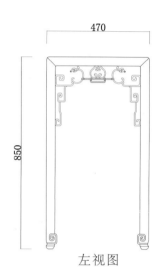

左视图

俯视图

清式画桌

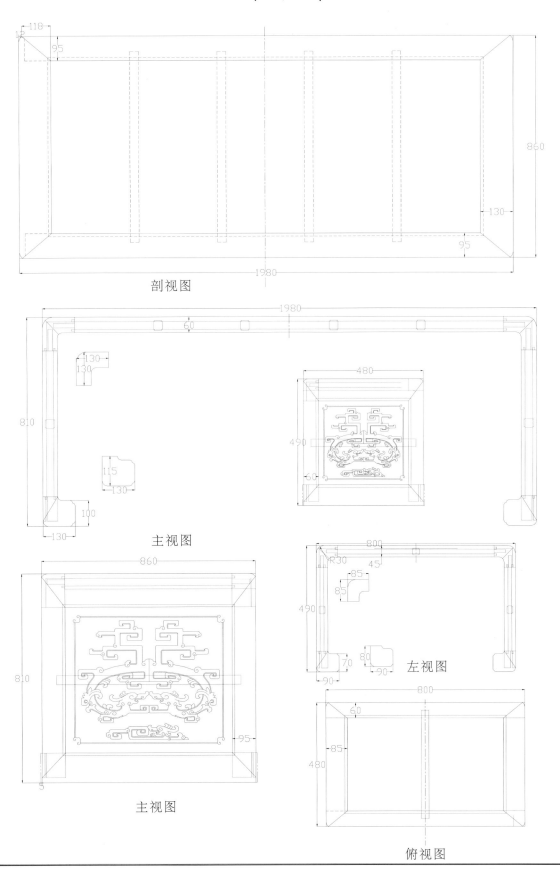

剖视图

主视图

主视图

左视图

俯视图

办公桌

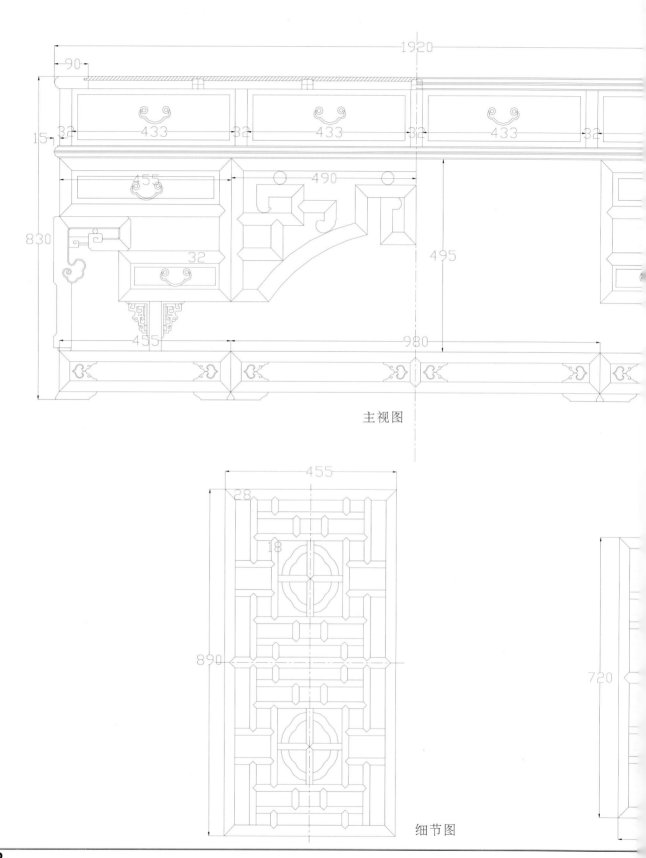

主视图

细节图

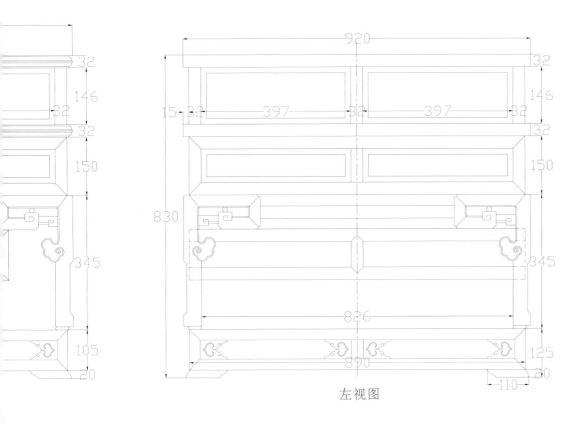

左视图

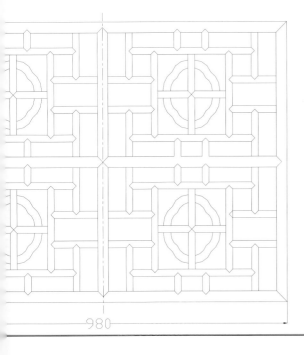

细节图

台案类

外翻马蹄办公桌

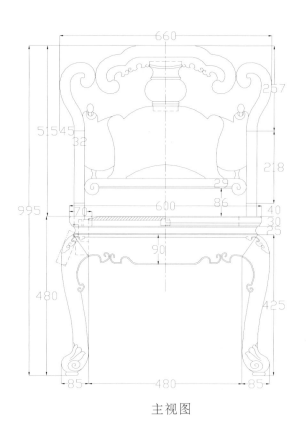

主视图

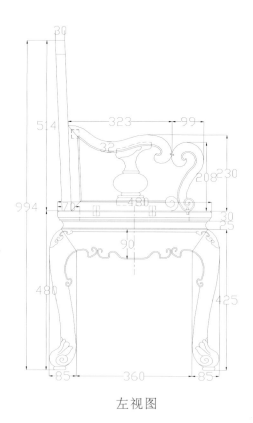

左视图

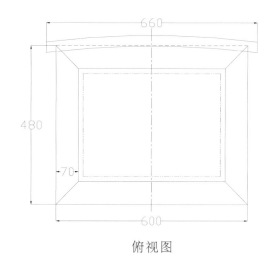

俯视图

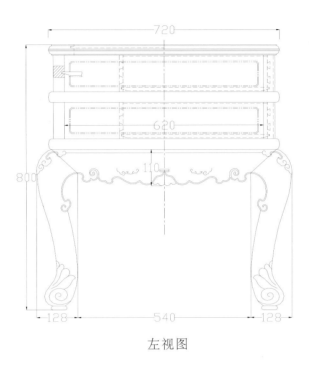

左视图

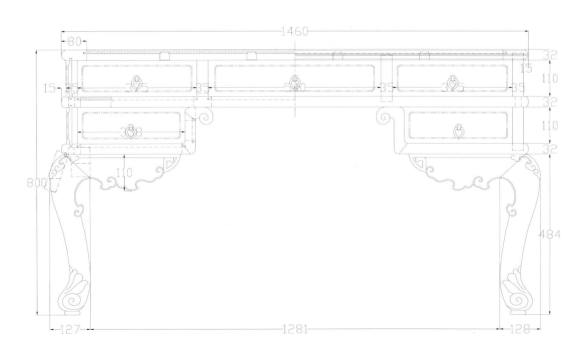

主视图

回拱办公桌

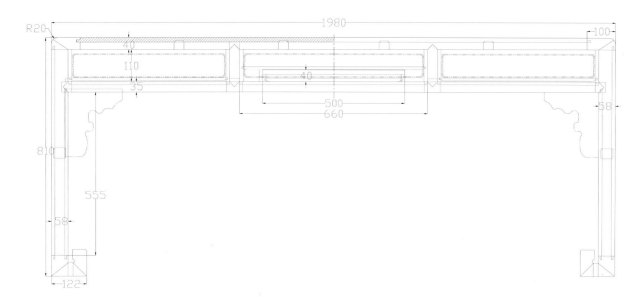

主视图

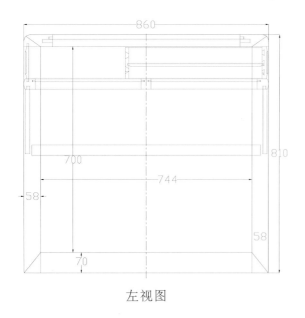

左视图

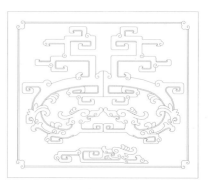

雕刻图

明式办公桌

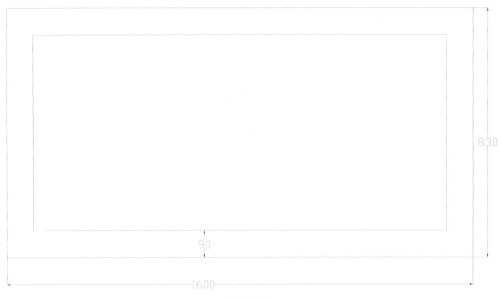

俯视图

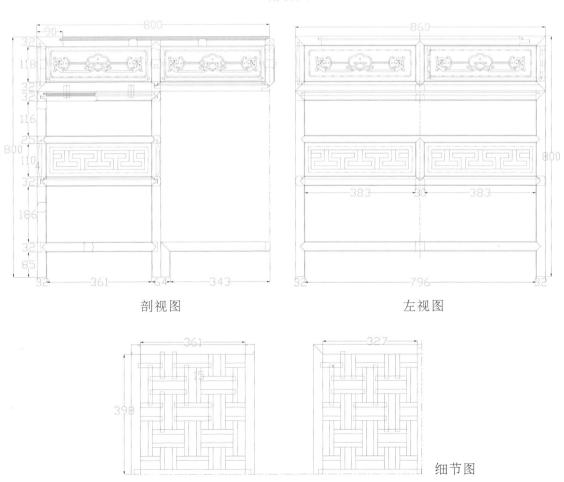

剖视图　　　　　左视图

细节图

龙柱大班台

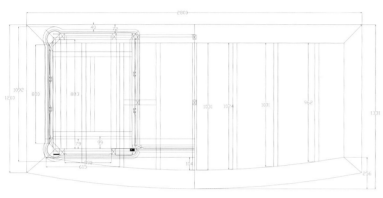

俯视图

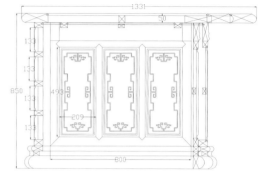

左视图

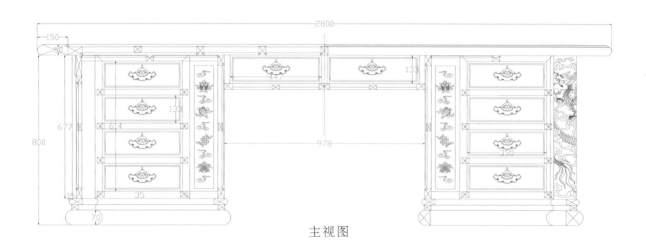

主视图

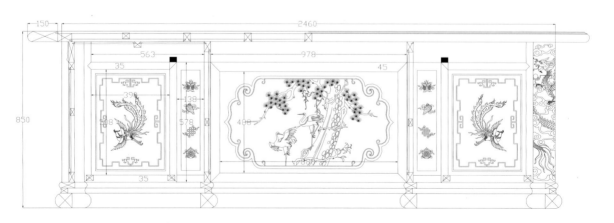

后视图

大班台 1

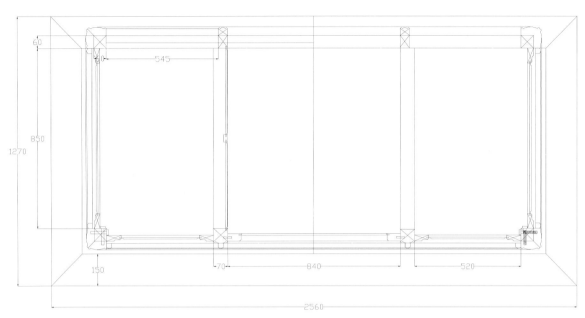

俯视图

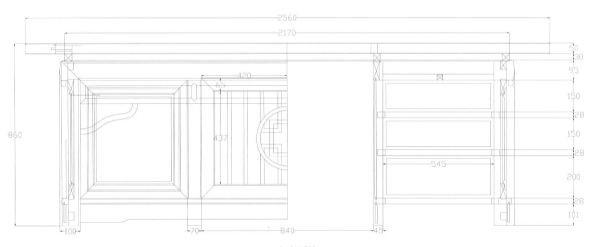

主视图

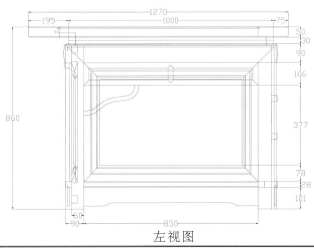

左视图

清式大班台

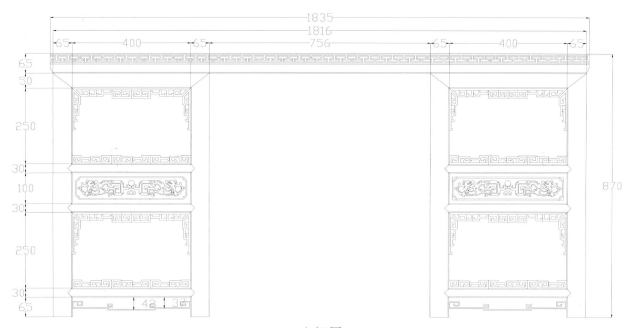

主视图

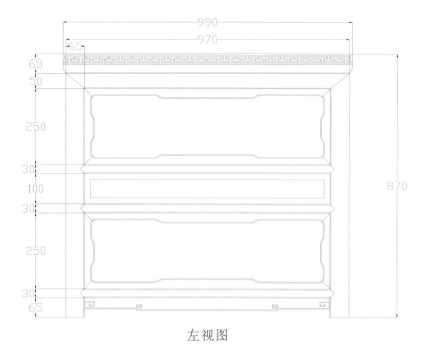

左视图

清式蕉叶纹条桌

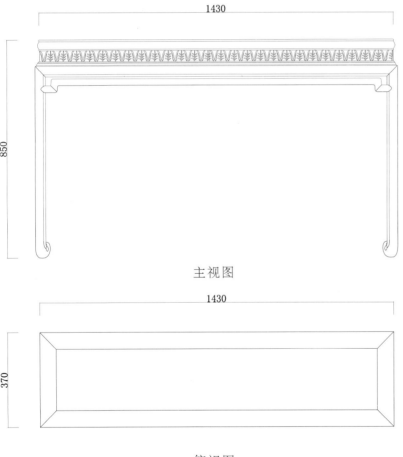

主视图

左视图

俯视图

大中华大班台

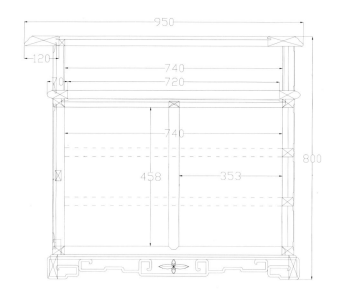

右视图

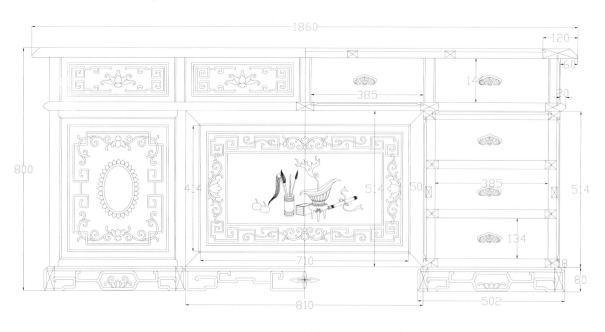

主视图

财运大班台

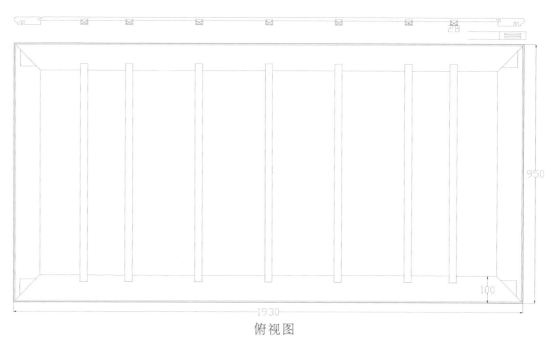

俯视图

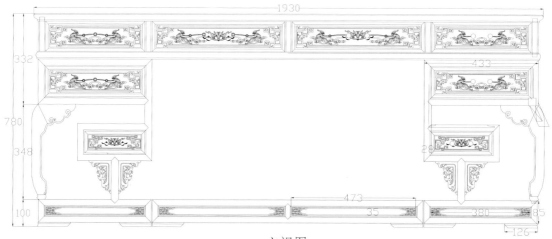

主视图

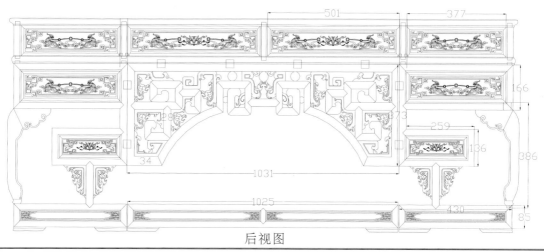

后视图

中国传统家具木工CAD图谱②

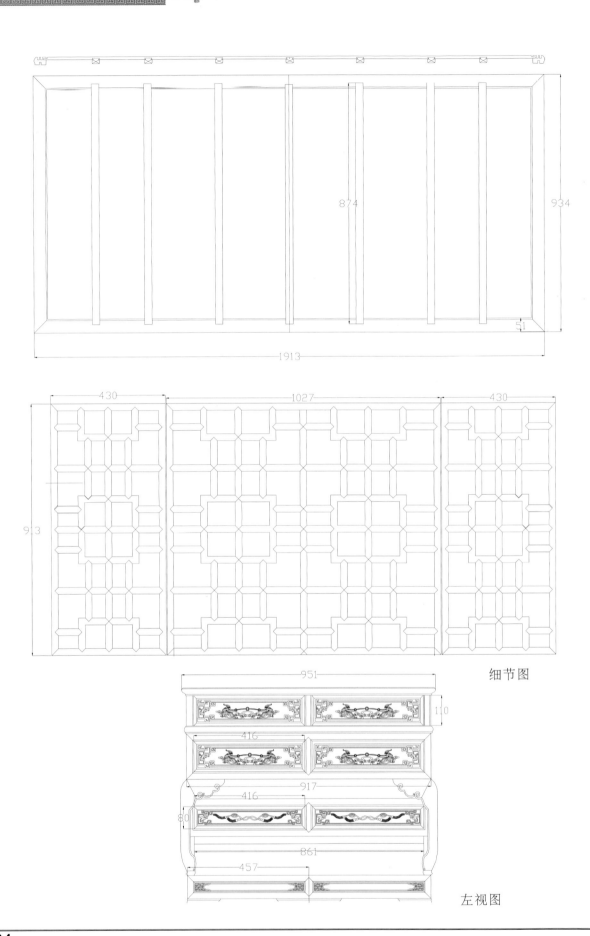

细节图

左视图

清式三屉炕琴

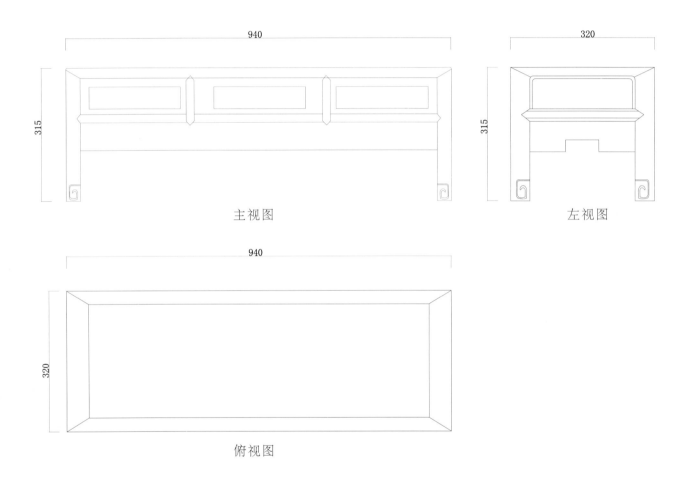

主视图

左视图

俯视图

清式卷云纹炕桌

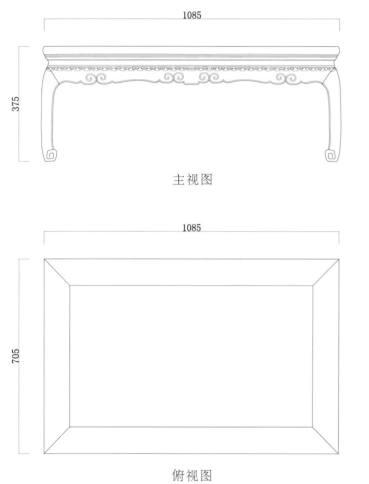

主视图

左视图

俯视图

清式束腰镂空牙条炕桌

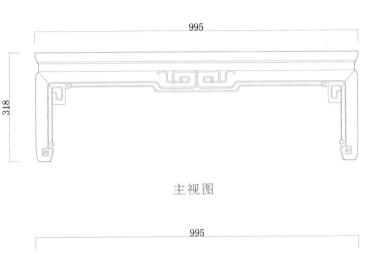

主视图

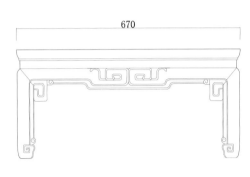

左视图

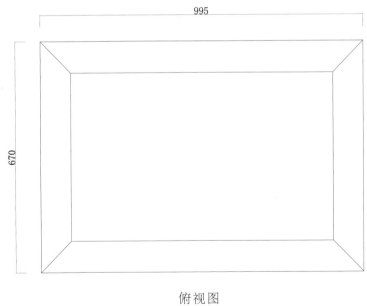

俯视图

清式透雕卷草纹炕桌

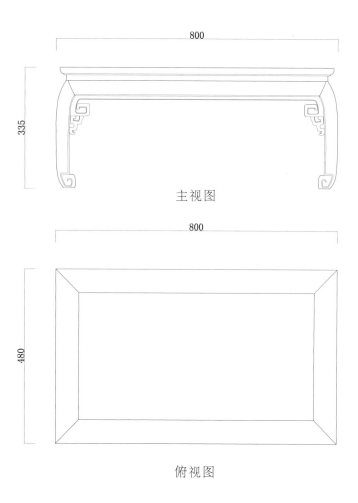

主视图

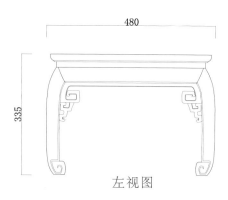

左视图

俯视图

清式前桌

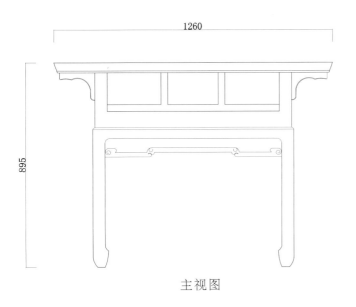

主视图

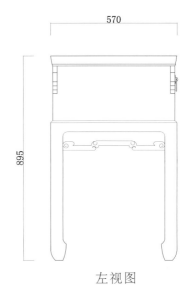

左视图

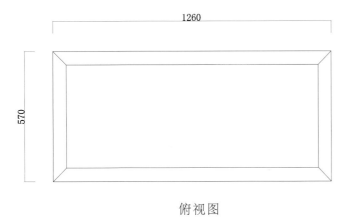

俯视图

清式房前桌

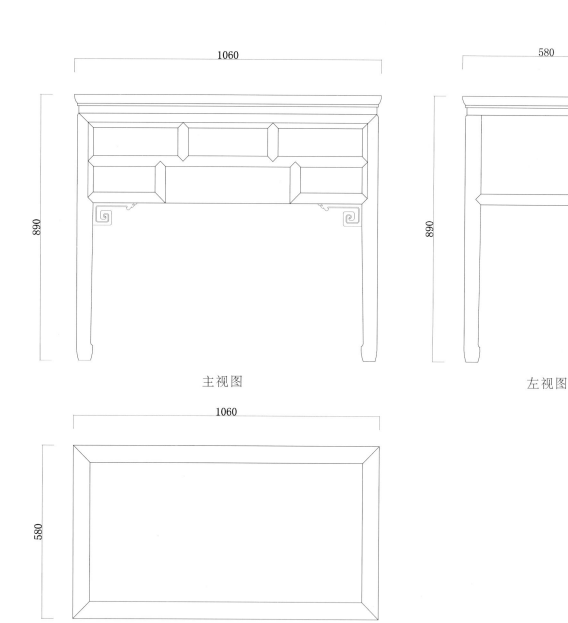

主视图

左视图

俯视图

清式雕花卉鱼桌

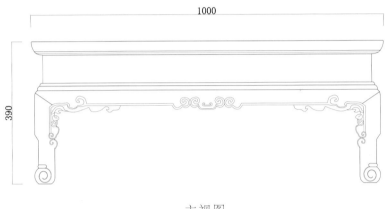

主视图

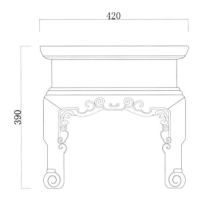

左视图

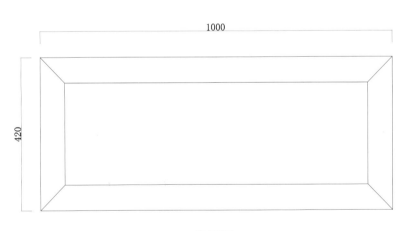

俯视图

中国传统家具木工CAD图谱②

清式鼓腿膨牙大圆台

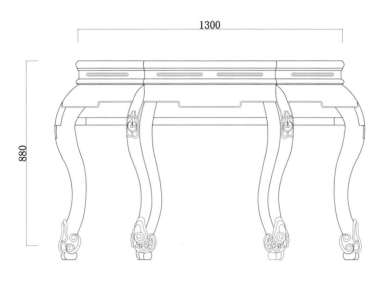

主视图

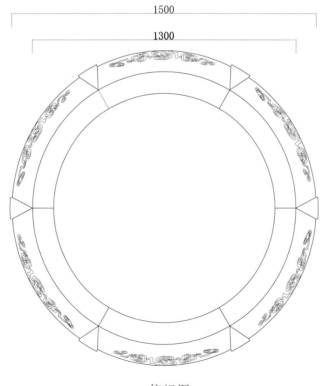

俯视图

清式海棠花形麻将桌

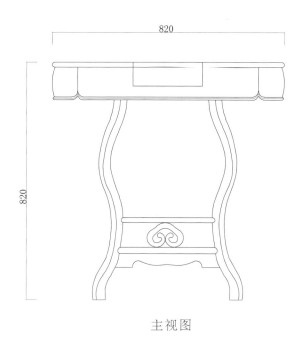

主视图

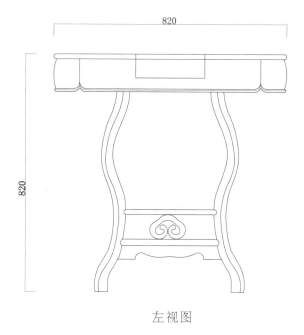

左视图

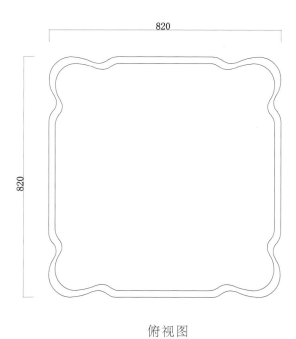

俯视图

清代紫檀有束腰马蹄足画案

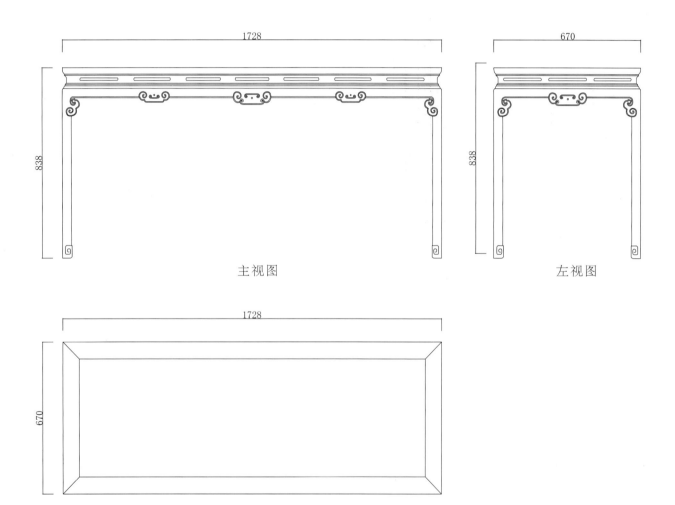

主视图 　　左视图

俯视图

明代榉木勾卷纹画案

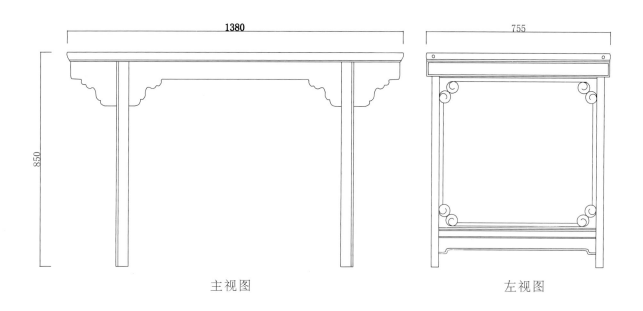

主视图 左视图

俯视图

明式翘头炕案

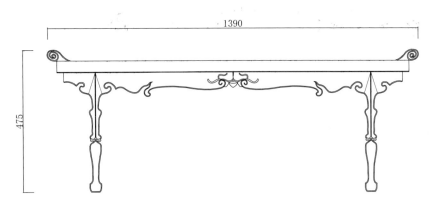

主视图

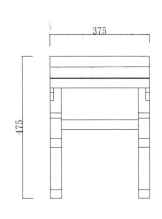

左视图

俯视图

明式夔凤纹翘头案

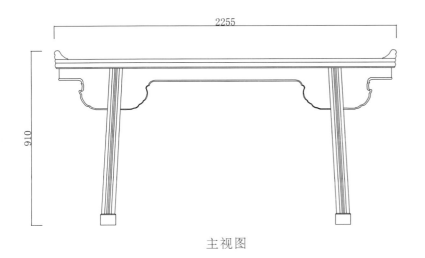

主视图

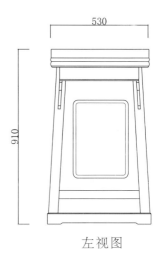

左视图

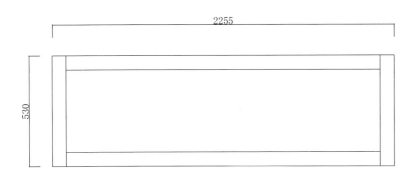

俯视图

明式双螭纹翘头案

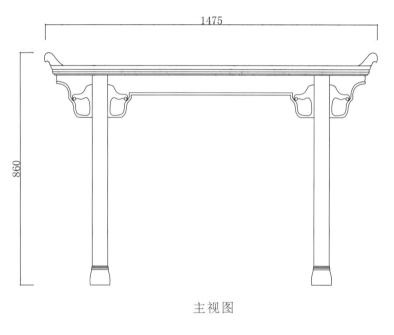

主视图

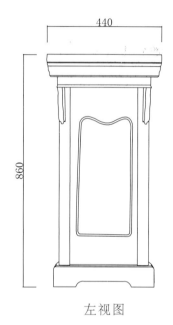

左视图

俯视图

明式翘头案

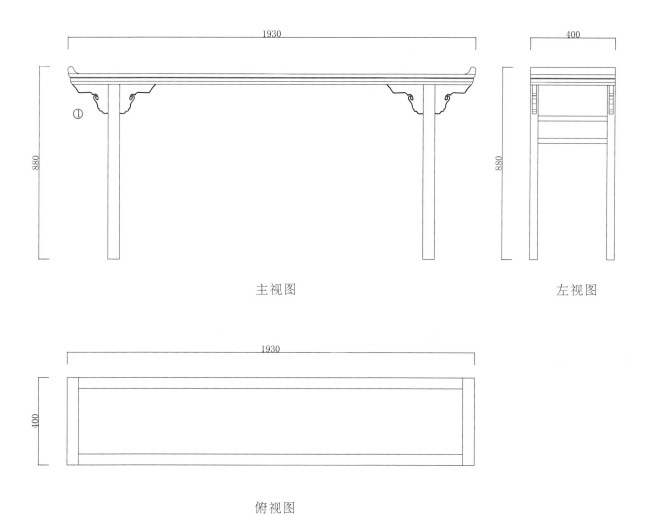

主视图

左视图

俯视图

明式夹头榫带托子翘头案

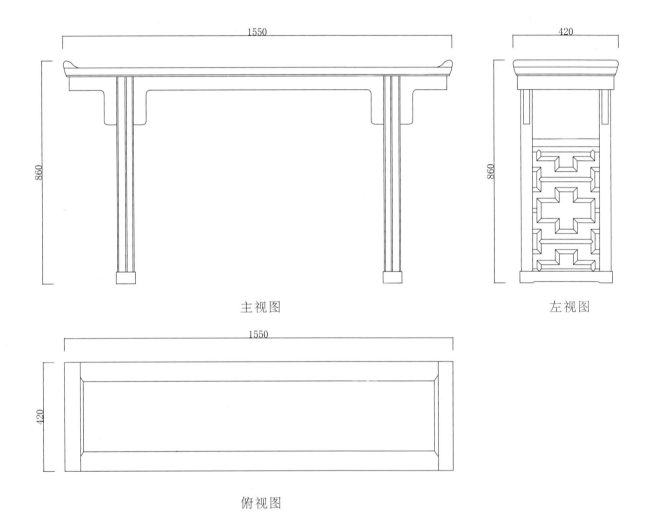

主视图

左视图

俯视图

明式雕龙翘头案

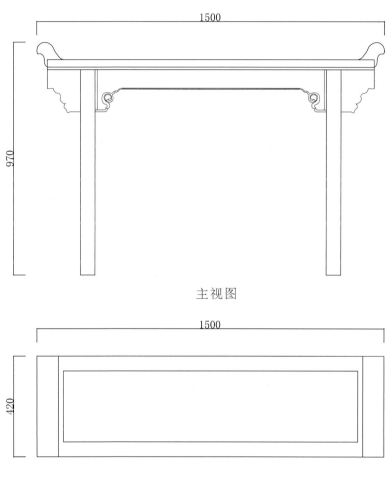

主视图

俯视图

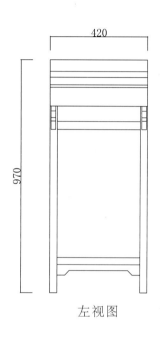

左视图

台案类 151

明式雕花翘头条案

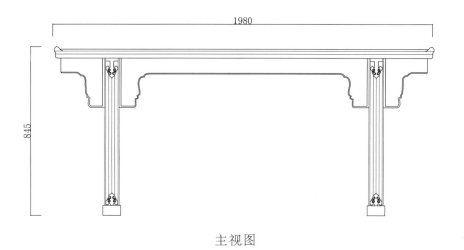

主视图

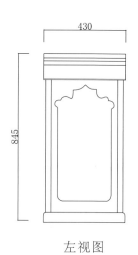

左视图

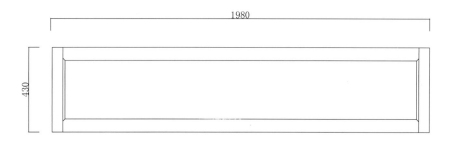

俯视图

清式龙凤纹翘头案

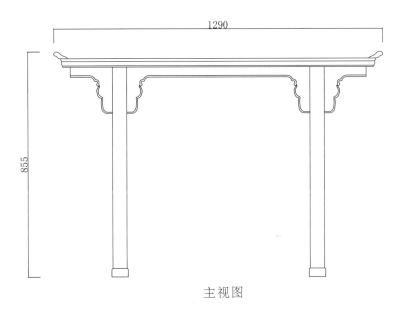

主视图

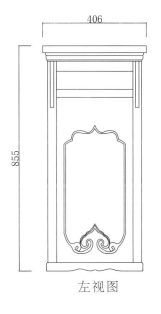

左视图

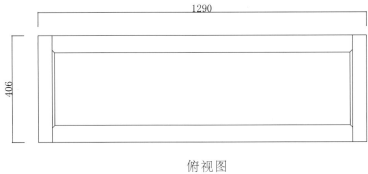

俯视图

清代苏式红木小翘头案

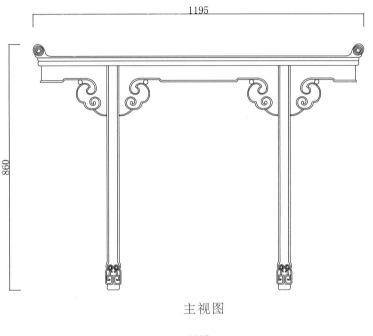

主视图

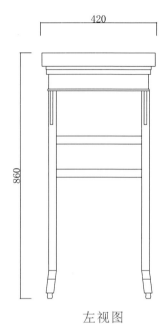

左视图

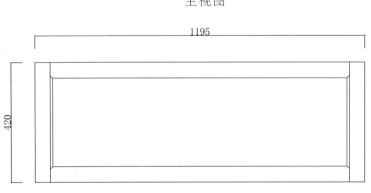

俯视图

明代夹头榫着地管枨平头案

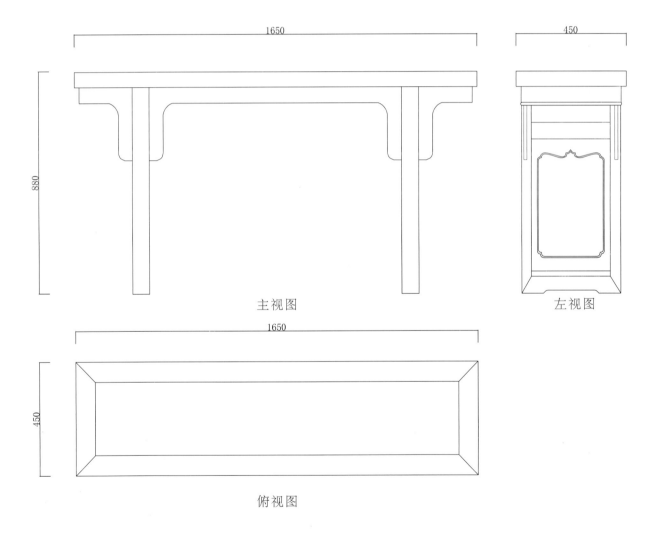

主视图　　左视图

俯视图

明式长方案

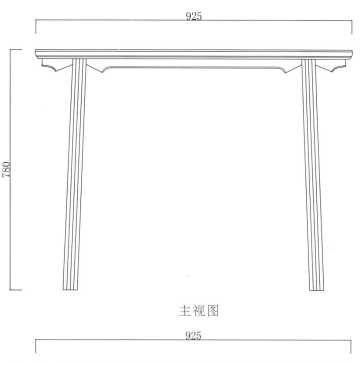

主视图

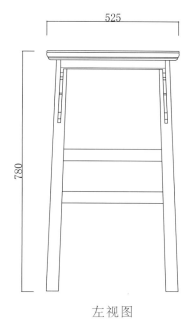

左视图

俯视图

清式卷云纹案

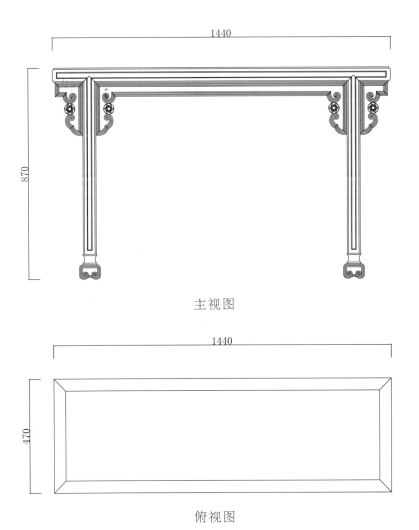

主视图 左视图

俯视图

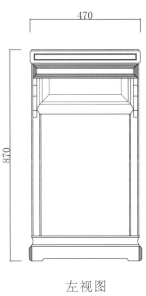

台案类 157

清式卷草柿叶纹平头案

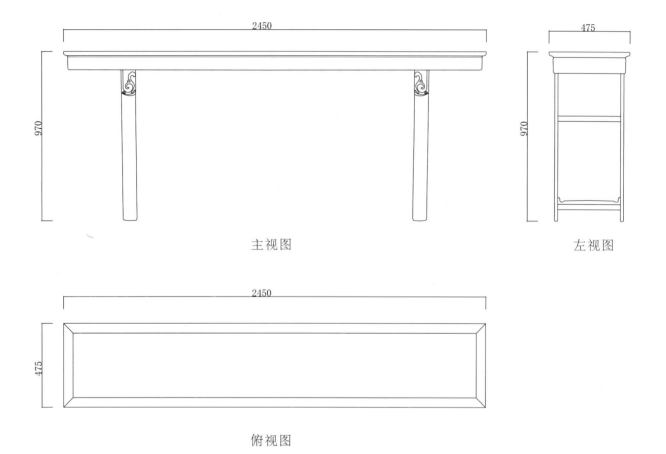

主视图　　左视图

俯视图

清式博古纹卷头案

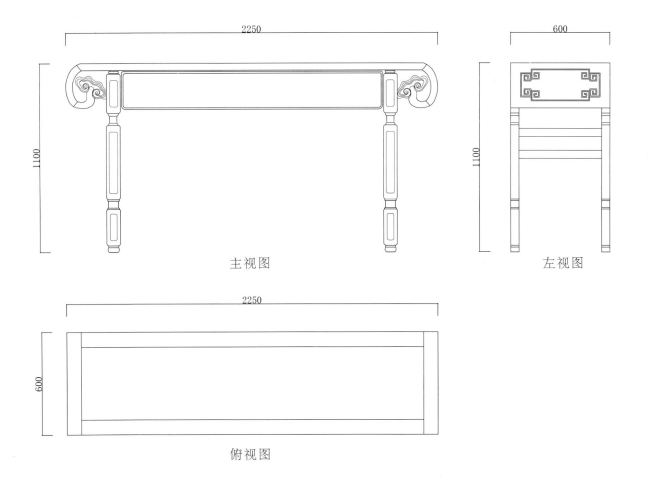

主视图　　左视图

俯视图

明式夹头榫带屉板小条案

主视图

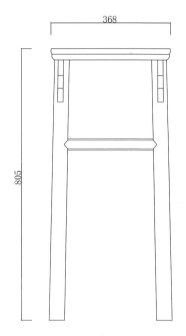

左视图

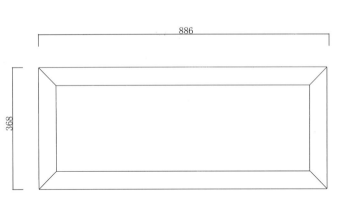

俯视图